Einführung in die Mathematik der Bayes-Statistik für Aktuare und Andere

Erhard Kremer

7. November 2005

Bibliografische Information Der Deutschen Bibliothek

Die Deutsche Bibliothek verzeichnet diese Publikation in der
Deutschen Nationalbibliografie; detaillierte bibliografische Daten
sind im Internet über http://dnb.ddb.de abrufbar.

ISBN 3-8325-1061-3

Logos Verlag Berlin
Comeniushof, Gubener Str. 47,
10243 Berlin
Tel.: +49 030 42 85 10 90
Fax: +49 030 42 85 10 92
INTERNET: http://www.logos-verlag.de

Vorwort des Autors:

Nach Kenntnis des Verfassers existiert bislang kein kürzeres, schnelles Einführungsbuch in die Bayes-Statistik, das darüber hinaus die Strenge der üblichen Mathematischen Statistik besitzt. Ein solches Werk ist nach Meinung des Verfassers nun das Folgende. Es hat u.a. als Ziel, die erstaunliche Eleganz der modernen Bayes-Statistik dem Leser vorzuführen und damit das Interesse an diesem Gebiet etwas stärker zu wecken. Es ist geeignet für einen zwei-stündigen Spezialkurs zur Bayes-Statistik, als auch zum schnellen Selbststudium. Der Autor selbst hat das Ziel, tiefer in die Bayes-Statistik einzudringen und dann gezielt darin Studenten der Stochastik auszubilden.

Hamburg, August 2005

Erhard Kremer

Inhaltsverzeichnis

Einleitung 5

1 Entscheidungstheorie   9

  1.1 Grundbegriffe 9

  1.2 Zulässigkeit und Vollständigkeit 11

  1.3 Bayes-Regel 17

  1.4 Schlussbemerkungen 25

2 Bayes-Theorie   27

  2.1 Bedingte Wahrscheinlichkeit 27

  2.2 Bayes-Theorem 30

  2.3 Konjugierte Verteilungen 34

  2.4 Exponentialfamilien 45

  2.5 Schlussbemerkungen 48

3 Bayes-Testtheorie   51

  3.1 Optimale Tests 51

  3.2 Wichtige Anwendung 59

  3.3 Konfidenzbereiche 62

  3.4 Schlussbemerkungen 64

4 Bayes-Schätzheorie   **65**

    4.1 Optimaler Schätzer 65

    4.2 Linearer Schätzer 75

    4.3 Regressionsschätzer 83

    4.4 Schlussbemerkungen 90

5 Bayes-Vorhersagetheorie   **93**

    5.1 Optimale Vorhersage 93

    5.2 Mittelwertvorhersage 95

    5.3 Schlussbemerkungen 107

6 Empirische Bayes-Prinzipien   **109**

    6.1 Empirische Bayes-Regel 109

    6.2 Momenten-Methode 112

    6.3 Maximum-Likelihood-Methode 115

    6.4 Schlussbemerkungen 119

Symbolliste   **121**

Index   **125**

Literatur   **127**

Einleitung

Bayessche Ideen sind bereits sehr alt. Bereits im 18. Jahrhundert entwickelten Thomas Bayes und Pierre-Simon Laplace erste Überlegungen zum Bayesschen Kalkül. Heutzutage ist die Bayes-Theorie bzw. Bayes-Statistik ein hochentwickelter Teilbereich der Mathematischen Statistik. Der entscheidende Unterschied zu den üblicheren Vorgehensweisen der Mathematischen Statistik ist der, dass man den Parameter der statistischen Verteilungsannahme als Realisation einer Zufallsvariablen auffasst. Die Verteilung dieser Zufallsvariablen wird dabei als die A-priori-Verteilung bezeichnet. Oft interpretiert man diese A-priori-Verteilung als eine Art Vorinformation über die Lage des unbekannten Verteilungsparameters. Es gibt aber auch andere konkretere Rechtfertigungen für die Annahme einer A-priori-Verteilung. Etwa in den Versicherungswissenschaften ist eine Art A-priori-Verteilung real vorgegeben. Sie ist darin praktisch die Verteilung eines sogenannten Risikoparameters in einem Kollektiv (=Portfolio) von Versicherungsrisiken.

Die klassische Vorgehensweise der Bayes-Theorie/Statistik ist, dass man durch Ausnutzung der (Information der) Stichprobe die A-priori-Verteilung "umrechnet" zu der sogenannten A-posteriori-Verteilung, mittels der man dann optimale statistische Entscheidungsverfahren, die sogenannten Bayes-Regeln angibt.
Diese Bayes-Regeln kann man mittels entscheidungstheoretischer Überlegungen als besonders ausgezeichnete statistische Entscheidungsverfahren nachweisen.

Die Details hierzu sind im folgenden Text sauber dargestellt. Es wird in ihm fast ausschließlich die sogenannte parametrische Bayes-Statistik behandelt, die als klassischer anzusehen ist. Bezüglich weitergehender, modernerer Aspekte, wie z.B. die nichtparametrische Bayes-Statistik, sei auf die Bücher von Insua & Ruggeri (2000) und Gosh & Ramamoorthi (2003) verwiesen.

Nun noch kurz ein Inhaltsüberblick.

In Kapitel 1 wird die klassische, statistische Entscheidungstheorie rigoros dargestellt. Als Highlight zeigt sich, dass Bayessche Entscheidungsregeln, üblicherweise als Bayes-Regeln bezeichnet, entscheidungstheoretisch besonders ausgezeichnet sind, was eine starke Rechtfertigung für die Entwicklung der Bayes-Statistik darstellt.

Das Kapitel 2 ist grundlegenden, wahrscheinlichkeitstheoretischen Dingen gewidmet. Ohne die dargestellten Techniken ist eine moderne Bayes-Statistik nicht machbar. Als besonders herausragendes Ergebnis kann man das sogenannte Bayes-Theorem nennen. Äußerst bedeutend sind auch die Resultate über die konjugierten A-priori-Verteilungen.

Das nächste Kapitel handelt über die Bayes-Tests. Der (optimale) Bayes-Test wird in allgemeinster Form bewiesen. Dessen interessante Anwendung bei dem Problem der Diskrimination wird dargestellt und mittels ihm noch ein adäquater Bayes-Konfidenzbereich hergeleitet. Passende Beispiele sind eingefügt.

Im langen Kapitel 4 wird relativ ausführlich auf die bedeutende Bayes-Schätztheorie eingegangen. Der (optimale) Bayes-Schätzer wird, entscheidungstheoretisch begründet, in allgemeinster Form hergeleitet. Danach wird gründlich auf den sogenannten linearen Bayes-Schätzer eingegangen. Dieser ist handlicher als der klassische Bayes-Schätzer, was am Sonderfall des Bayes-Regressionsproblems verdeutlicht wird, bei dem der lineare Bayes-Schätzer äußerst elegant behandelt werden kann. Passende Beispiele sind im Kapitel eingefügt.

Verwandt mit dem Bayes-Schätzproblem ist das Bayes-Vorhersageproblem. Auf Letzteres wird im Kapitel 5 etwas näher eingegangen. Es werden dazu praktikable Rekursionen zur rekursiven Berechnung einer sogenannten Bayes-Vorhersage angegeben und teilweise auch bewiesen. Als besonderes Highlight ergibt sich am Ende des Kapitels noch der berühmte Kalman-Filter.

Im letzten Kapitel geht es darum, wie man die Bayes-Regeln für die praktische Anwendung flott machen kann. Exemplarisch beim Schätzproblem führt dies zu den sogenannten empirischen Bayes-Schätzern bzw. empirischen linearen Bayes-Schätzern. Diese ergeben sich, indem man in den ursprünglichen Bayes-Schätzer bzw. linearen Bayes-Schätzer die unbekannten Parameter der A-priori-Verteilung durch Schätzer ersetzt. Es werden zwei praktikable Methoden zur Herleitung von Schätzern für die Parameter der A-priori-Verteilung angegeben.

Abschließend sei noch darauf hingewiesen, dass die Notation bzw. Symbolik im Text ähnlich wie in den Büchern Bauer (1974) bzw. Behnen & Neuhaus (2003) gewählt ist.

Der Text setzt grundlegende Kenntnisse der klassischen Mathematischen Statistik voraus, wie sie etwa im ersten Teil einer Ausbildung in Mathematischer Statistik gebracht werden (vergleiche etwa Kapitel 1-3 in Witting (1985)).

Kapitel 1   Entscheidungstheorie

1.1   Grundbegriffe

In der **klassischen Entscheidungstheorie** hat man als Grundmodell das Tupel

$$E = (\Theta, (A, \mathcal{A}), L).$$

Dabei ist Θ der sogenannte **Parameterraum** und enthält alle möglichen (Umwelt-)Situationen eines gegebenen Entscheidungsproblems. Ferner ist A die Menge der **Entscheidungen** bzw. Aktionen, die beim Entscheidungsproblem gewählt werden können. $\mathcal{A}$ ist eine geeignete σ-Algebra auf A.

Als letzte Komponente hat man die sogenannte **Verlustfunktion**:

$$L \colon \Theta \times A \to [0, \infty],$$

die bei gegebenem ϑ und gegebener Entscheidung a den Verlust $L(\vartheta, a)$ angibt. Dabei sei die Abbildung

$$a \rightsquigarrow L(\vartheta, a)$$

bei festem ϑ $\mathcal{A}$-$([0, \infty] \cap \bar{\mathbb{B}})$-messbar.

In der klassischen Entscheidungstheorie sucht man nun im Modell E nach sinnvollen bzw. sogar optimalen Entscheidungen. Darauf soll hier aber nicht näher eingegangen werden. Vielmehr wird sich im Folgenden ausschließlich der sogenannten **statistischen Entscheidungstheorie** zugewandt. Das Grundmodell der **klassischen statistischen Entscheidungstheorie** ist das Tupel

$$(E, X, \mathcal{P}),$$

9

wobei E das Grundmodell der klassischen Entscheidungstheorie ist, X eine Zufallsvariable

$$X\colon (\Omega, A) \to (\mathcal{X}, \mathcal{B})$$

und schließlich:

$$\mathcal{P} = \{P_\vartheta^X, \vartheta \in \Theta\}$$

die Menge der Verteilungen von X auf $\mathcal{B}$, die sogenannte **Verteilungsannahme**.

P_ϑ^X ist die Verteilung von X, wenn der **Parameter** ϑ gegeben ist.

In diesem Grundmodell der klassischen Entscheidungstheorie betrachtet man sogenannte Entscheidungsregeln.

Definition 1.1:

Eine Abbildung δ mit

$$\delta\colon (\mathcal{X}, A) \to ([0,1], [0,1] \cap \mathbb{B})$$

derart, dass gilt

a) bei gegebenem $x \in \mathcal{X}$ ist $\delta(x, \cdot)$ ein Wahrscheinlichkeitsmaß über $(A, \mathcal{A})$,

b) bei gegebenem $B \in \mathcal{A}$ ist $\delta(\cdot, B)$ $\mathcal{B}$-$\mathbb{B}$-messbar,

heißt **Entscheidungsregel**.

Interpretation 1.2:

Wurde $X = x$ beobachtet, so ist $\delta(x, \cdot)$ die Verteilung, nach der die zu wählende Aktion $a \in A$ ausgewählt wird. Die Auswahl der Aktion erfolgt i.A. mittels δ gemäß einer Randomisierung.

Besonders handliche Entscheidungsregeln sind die sogenannten **nicht-randomisierten**.

Definition 1.3: a) Die Entscheidungsregel δ heißt **nichtrandomisiert**, falls gilt

$$\delta(x, B) \in \{0, 1\} \qquad \forall x \in \mathcal{X}, \forall B \in \mathcal{B} \qquad (1.1)$$

Gibt es zu jedem $x \in \mathcal{X}$ ein a_x mit $\{a_x\} \in \mathcal{A}$ und

$$\delta(x, \{a_x\}) = 1,$$

so nennt man **dann** die Abbildung d mit:

$$d(x) := a_x$$

nichtrandomisierte Entscheidungsregel.

b) Gilt (1.1) nicht, so heißt δ **randomisiert**.

Anmerkung 1.4:

Im Falle der nichtrandomisierten Entscheidungsregel d gilt offensichtlich:

$$\delta(x, B) = 1_B(d(x)) \qquad (1.2)$$

mit der Indikatorfunktion 1_B der Menge B.

1.2   Zulässigkeit und Vollständigkeit

Betrachtet werde das Grundmodell der klassischen statistischen Entscheidungstheorie $(E, X, \mathcal{P})$. Behandelt soll werden das Problem des

Findens von sinnvollen oder optimalen Entscheidungsregeln. Dazu benötigt man das Konzept der Risikofunktion.

Definition 1.5:

Für eine Entscheidungsfunktion δ heißt $R(\cdot, \delta)$, definiert gemäß

$$R(\vartheta, \delta) := \int \int L(\vartheta, a)\delta(x, da)P_\vartheta^X(dx),$$

Risikofunktion von δ.

Offensichtlich ist $R(\vartheta, \delta)$ der mittlere Verlust bei Verwendung von δ bei gegebenem Parameter ϑ.

Anmerkung 1.6:

Ist δ nichtrandomisiert und mittels dem d aus Definition 1.3 über (1.2) angebbar, so hat man

$$R(\vartheta, \delta) = \int L(\vartheta, d(x))P_\vartheta^X(dx) = E_\vartheta[L(\vartheta, d(X))].$$

Es ist klar: $R(\vartheta, \delta)$ misst die "Güte" von δ bei gegebenem Parameter ϑ. Dies legt das Folgende nahe:

Definition 1.7:

Die Entscheidungsregel δ_1 nennt man **besser** als die Entscheidungsregel δ_2, wenn gilt:

$$R(\vartheta, \delta_1) \leq R(\vartheta, \delta_2) \quad \forall \vartheta \in \Theta$$

$$\neq \qquad \exists \vartheta \in \Theta,$$

12

genausogut wie δ_2, wenn gilt:

$$R(\vartheta, \delta_1) \leq R(\vartheta, \delta_2) \qquad \forall \vartheta \in \Theta$$

und **äquivalent** zu δ_2, wenn gilt:

$$R(\vartheta, \delta_1) = R(\vartheta, \delta_2) \qquad \forall \vartheta \in \Theta.$$

Grundlegend sind die beiden folgenden Definitionen.

Definition 1.8:

Eine Entscheidungsregel δ heißt **zulässig**, wenn keine andere Entscheidungsregel existiert, die besser als δ ist.

Definition 1.9:

Eine Menge C von Entscheidungsregeln heißt **vollständig**, wenn zu jeder Entscheidungsregel $\delta \notin C$ eine Regel $\delta_0 \in C$ existiert, die besser als δ ist.

Sinnvolle oder optimale Entscheidungsregeln wird man also in einer vollständigen Menge suchen.

Besonders ausgezeichnet ist damit das folgende Konzept:

Definition 1.10:

Eine Menge C von Entscheidungsregeln nennt man **kleinste vollständige Klasse**, wenn sie vollständig ist und keine vollständige echte Teilmenge existiert.

Zu diesen Begriffen folgt als Erstes:

Lemma 1.11:

Die Menge aller zulässigen Entscheidungsregeln ist Teilmenge jeder vollständigen Menge.

Beweis. Nach Definition ist die Menge der unzulässigen Regeln eine Obermenge des Komplements der vollständigen Menge. □

Bedeutender ist das folgende Resultat.

Satz 1.12:

Wenn eine minimale vollständige Klasse existiert, so besteht diese genau aus den zulässigen Entscheidungsregeln.

Beweis. Sei R die Menge der zulässigen Entscheidungsregeln und C eine minimale vollständige Klasse.

Nach Lemma 1.11 gilt: $R \subset C$. Es bleibt also zu zeigen: $C \subset R$.

Zum Nachweis dieses sei nun $\delta_0 \in C$ und angenommen, dass $\delta_0 \notin R$.

Dann existiert aber ein $\tilde{\delta}$, das besser als δ_0 ist.

1.Fall: Es gelte $\tilde{\delta} \in C$.

Es existiert dann ein $\delta_1 (= \tilde{\delta}) \in C$, das besser als δ_0 ist.

2.Fall: Es gelte $\tilde{\delta} \notin C$.

Dann existiert ein $\delta_1 \in C$, das besser als $\tilde{\delta}$, also auch besser als δ_0 ist.

Sei im Folgenden $C_1 = C - \{\delta_0\}$ und $\delta \notin C_1$ angenommen.

1.Fall: Falls $\delta = \delta_0$, so ist $\delta_1 \in C_1$ besser als δ.

2.Fall: Falls $\delta \neq \delta_0$, so existiert ein $\delta' \in C$, das besser als $\tilde{\delta}$ ist.

   Ist $\delta' = \delta_0$, so ist $\delta_1 \in C_1$ besser als $\delta' = \delta_0$, also auch besser als δ.

   Ist $\delta' \neq \delta_0$, so ist $\delta' \in C_1$ besser als δ.

Folglich ist C_1 vollständig, was der Minimalität von C widerspricht.

$\square$

Für den Rest dieses Abschnittes wird betrachtet der Sonderfall eines endlichen Θ, d.h.:

$$\Theta = \{\vartheta_1, \ldots, \vartheta_k\} \tag{1.3}$$

Hierzu definiert man die sogenannte **Risikomenge**

$$S = \{(y_1, \ldots, y_k)^T : \quad y_j = R(\vartheta_j, \delta), \ \delta \text{ Entscheidungsregel}\}.$$

Benötigt werden die folgenden Begriffe:

Definition 1.13:

Gegeben sei der Fall (1.3).

 a) Für $x \in \mathbb{R}^k$ ist der **untere Quadrant an** x die Menge:

$$Q_x = \{y \in \mathbb{R}^k : y_j \leq x_j, \ j = 1, \ldots, k\}$$

mit $x = (x_1, \ldots, x_k)^T$, $y = (y_1, \ldots, y_k)^T$.

b) Ein Vektor $x \in \mathbb{R}^k$ heißt **unterer Grenzpunkt** der konvexen Menge $B \subset \mathbb{R}^k$, wenn gilt:

$$Q_x \cap \bar{B} = \{x\}.$$

Die Menge der unteren Grenzpunkte von B sei mit $G(B)$ bezeichnet.

c) Eine konvexe Menge $B \subset \mathbb{R}^k$ heißt **von unten abgeschlossen**, wenn $G(B) \subset B$.

Dazu als erstes Resultat das Folgende:

Satz 1.14:

Eine Entscheidungsregel δ mit

$$(R(\vartheta_1, \delta), \dots, R(\vartheta_k, \delta))^T \in S \cap G(S)$$

ist zulässig.

Beweis. Nach Definition von $G(S)$ existiert zu δ keine bessere Entscheidungsregel δ', denn die Existenz einer solchen würde ja

$$Q_x \cap \bar{S} \supsetneq \{x\}$$

liefern. $\quad\square$

1.3 Bayes-Regel

In diesem Abschnitt wird sich mit der **Bayes-statistischen Entscheidungstheorie** befasst. Deren Grundmodell ist das Tupel:

$$((\Theta, \mathcal{C}, \tau), (A, \mathcal{A}), L, X, \mathcal{P})$$

mit den Objekten $\Theta, A, \mathcal{A}, L, X, \mathcal{P}$ wie im Abschnitt 1.1. Dazu kommt
nun noch eine σ-Algebra $\mathcal{C}$ auf Θ und ein Wahrscheinlichkeitsmaß τ
auf $(\Theta, \mathcal{C})$. τ wird üblicherweise **a-priori-Verteilung** genannt. Diese
beschreibt eine Art Vorinformation über die Lage des unbekannten ϑ.
Als Zusatzannahme seien noch gewählt:

i) $P_{\vartheta}^{X}(B)$ ist $\mathcal{C}$-$\mathbb{B}$-messbar in ϑ für alle $B \in \mathcal{B}$.

ii) $L(\vartheta, a)$ ist $(\mathcal{C} \otimes \mathcal{A})$-$\bar{\mathbb{B}}$-messbar.

In diesem Bayes-statistischen Grundmodell wählt man als "Gütemaß"
für eine Entscheidungsregel das sogenannte Bayes-Risiko.

Definition 1.15:
Für eine a-priori-Verteilung τ und eine Entscheidungsregel δ heißt:

$$r(\tau, \delta) := \int R(\vartheta, \delta)\tau(d\vartheta)$$

Bayes-Risiko von δ bei gegebenem τ.

Hiermit kommt man zu dem folgenden Konzept:

Definition 1.16:

Eine randomisierte Entscheidungsregel δ_* heißt **Bayessche Entscheidungsregel** bzw. **Bayes-Regel** bezüglich τ, wenn gilt:

$$r(\tau, \delta_*) \leq r(\tau, \delta)$$

für jede andere randomisierte Entscheidungsregel δ.

Für eine nichtrandomisierte Entscheidungsregel d ist das Bayes-Risiko einfach:

$$r(\tau, d) = \int E_\vartheta(L(\vartheta, d(X)))\tau(d\vartheta).$$

Die Definition 1.16 überträgt sich auf diesen Fall sinngemäß, indem man "randomisierte" durch "nichtrandomisierte" ersetzt.

Für die Sätze 1.17, 1.18, 1.19 sei nun die starke Annahme (1.3) vorausgesetzt. Es gelte also zunächst:

$$\Theta = \{\vartheta_1, \ldots, \vartheta_k\},$$

wofür sich das folgende Resultat ergibt.

Satz 1.17:

Die Risikomenge S sei abgeschlossen von unten und ferner **beschränkt von unten**, d.h. es existiert ein $M > 0$ mit:

$$y_j > -M, \; j = 1, \ldots, k, \; \forall (y_1, \ldots, y_n)^T \in S. \tag{1.4}$$

Dann existiert zu **jeder** a-priori-Verteilung τ mit

$$p_j := \tau(\{\vartheta_j\}) > 0 \quad \forall j$$

eine Bayes-Regel.

Beweis. Es sei

$$B = \{b = \sum_{j=1}^{k} p_j \cdot y_j \mid (y_1, \ldots, y_k)^T \in S\}.$$

Da S von unten beschränkt ist, existiert ein b_0 mit

$$b_0 = \inf_{b \in B}(b).$$

Wegen (1.4) ist jede Folge $(y^{(n)})_n$ mit:

$$y^{(n)} \in S, \forall n \text{ und } \sum_{j=1}^{k} p_j \cdot y_j \xrightarrow[(n \to \infty)]{} b_0$$

beschränkt von unten. Folglich existiert eine Teilfolge $(y^{(n_i)})_i$ und ein $y^{(0)} = (y_1^{(0)}, \ldots, y_k^{(0)})^T \in \bar{S}$ mit:

$$y^{(n_i)} \xrightarrow[(i \to \infty)]{} y^{(0)}.$$

Dies impliziert direkt, dass gilt:

$$\sum_{j=1}^{k} p_j \cdot y_j^{(0)} = b_0.$$

Klar ist, dass gilt:

$$y^{(0)} \in Q_{y^{(0)}} \cap S.$$

Da man für $y' = (y_1', \ldots, y_k')^T \in Q_{y^{(0)}} - \{y^{(0)}\}$ hat:

$$\sum_{j=1}^{k} p_j \cdot y_j' < b_0,$$

existiert im Falle:

$$(Q_{y^{(0)}} \setminus \{y^{(0)}\}) \cap \bar{S} \neq \emptyset$$

19

mindestens ein Punkt $y = (y_1, \ldots, y_k) \in S$ mit:

$$\sum_{j=1}^{k} p_j \cdot y_j < b_0,$$

was ein Widerspruch ist. Also hat man:

$$(Q_{y^{(0)}} \setminus \{y^{(0)}\}) \cap \bar{S} = \emptyset$$

d.h.:

$$\{y^{(0)}\} = Q_{y^{(0)}} \cap \bar{S}.$$

Dies bedeutet gerade:

$$y^{(0)} \in G(S).$$

Da S abgeschlossen von unten ist, folgt $y^{(0)} \in S$.

Dies bedeutet insgesamt:

Der Minimalwert b_0 wird an dem Punkt $y^{(0)} = (y_1^{(0)}, \ldots, y_k^{(0)}) \in S$ angenommen. Jede Entscheidungsregel δ mit

$$R(\vartheta_j, \delta) = y_j^{(0)} \; \forall j = 1, \ldots, k$$

ist dann eine Bayes-Regel. □

Übrigens kann die Annahme (1.4) im Satz 1.17 i.A. nicht weggelassen werden.

Von größter Bedeutung ist das Folgende.

Satz 1.18:

Jede zulässige Entscheidungsregel ist eine Bayes-Regel bezüglich einer a-priori-Verteilung.

Der Beweis dieses Satzes erfolgt mit einem berühmten Satz der konvexen Analysis, dem sogenannten

Satz von Hahn-Banach:

S_1, S_2 seien disjunkte, konvexe Teilmengen des $\mathbb{R}^k$. Dann existiert ein Vektor $p \in \mathbb{R}^k$, $p \neq 0$ mit:

$$p^T y \leq p^T x \quad \forall x \in S_1, \forall y \in S_2. \quad \Box$$

Beweis von Satz 1.17. Sei δ eine zulässige Entscheidungsregel. Für $x = (R(\vartheta_1, \delta), \ldots, R(\vartheta_k, \delta))^T$ gilt also:

$$Q_x \cap S = \{x\}.$$

Da $(Q_x \setminus \{x\})$ und S konvex und disjunkt sind, folgt nach dem Satz von Hahn-Banach die Existenz eines $p \in \mathbb{R}^k$, $p \neq 0$ mit:

$$p^T y \leq p^T z, \; \forall y \in Q_x, \forall z \in S. \tag{1.5}$$

Hieraus folgt insbesondere, dass alle Komponenten von p nichtnegativ sind. Ferner erhält man mittels Normierung von $p = (p_1, \ldots, p_k)^T$:

$$\sum_{j=1}^{k} p_j = 1.$$

Der Vektor p definiert somit eine a-priori-Verteilung τ gemäß:

$$\tau(\{\vartheta_j\}) := p_j.$$

Gemäß (1.5) hat man

$$\sum_{j=1}^{k} p_j \cdot R(\vartheta_j, \delta) \leq p^T \cdot z, \; \forall z \in S.$$

Dies bedeutet aber gerade, dass δ eine Bayes-Regel bezüglich τ ist.
□

Nun hat man als Hauptergebnis:

Satz 1.19:

Die Menge der zulässigen Bayes-Regeln sei nichtleer. Dann gelten:

a) Die Menge aller Bayes-Regeln ist vollständig.

b) Die zulässigen Bayes-Regeln bilden ein kleinste vollständige Klasse.

Beweis. a) folgt aus b) und b) folgt aus des Sätzen 1.12 und 1.18.   □

Ist Θ nicht endlich, so gelten die Sätze ebenda so nicht mehr.
Als Weiteres werde betrachtet der Sonderfall:

$$\Theta \subset \mathbb{R}^k, \ \Theta \text{ zusammenhängend}$$
$$\mathcal{C} = \mathbb{B}^k \cap \Theta. \tag{1.6}$$

Zunächst hat man das folgende Ergebnis:

Satz 1.20:

Es gelte (1.6) mit offenem Θ. Für jede Entscheidungsregel δ sei $R(\vartheta, \delta)$ stetig in $\vartheta \in \Theta$. Ferner habe die a-priori-Verteilung τ auf jedem Rechteck positive Masse. Jede Bayes-Regel ist dann zulässig.

Beweis. Ohne Beschränkung der Allgemeinheit sei $k = 1$. δ_0 sei eine Bayes-Regel. Angenommen werde, dass δ_0 nicht zulässig ist.

Dann existiert aber eine Entscheidungsregel δ und ein $\vartheta_0 \in \Theta$ mit:

$$R(\vartheta_0, \delta) < R(\vartheta_0, \delta_0)$$
$$R(\vartheta, \delta) \leq R(\vartheta, \delta_0) \; \forall \vartheta \in \Theta.$$

Sei:

$$\eta = R(\vartheta_0, \delta_0) - R(\vartheta_0, \delta),$$

was positiv ist.

Wegen der Stetigkeit von $R(\cdot, \delta)$ existiert ein $\varepsilon > 0$, sodass aus $|\vartheta - \vartheta_0| < \varepsilon$ folgt:

$$R(\vartheta, \delta) \leq R(\vartheta, \delta_0) - \eta/2.$$

Dies impliziert:

$$r(\tau, \delta_0) - r(\tau, \delta) = \int (R(\vartheta, \delta_0) - R(\vartheta, \delta))\tau(d\vartheta)$$
$$\geq (\eta/2) \cdot \tau(\vartheta_0 - \varepsilon, \vartheta_0 + \varepsilon) > 0,$$

also einen Widerspruch. $\quad\square$

Als Analogon zu Satz 1.19 erhält man:

Satz 1.21:

Es gelte (1.6) mit abgeschlossenem Θ. Die Menge A der Entscheidungen sei eine abgeschlossene Teilmenge des $\mathbb{R}^k$. Ferner sei $\mathcal{A} = A \cap \mathbb{B}^k$. Die Verteilungen P_ϑ^X seien alle diskret oder alle absolut stetig. $L(\vartheta, \cdot)$ sei stetig für alle $\vartheta \in \Theta$, ebenso $R(\cdot, \delta)$ für jede Entscheidungsregel δ. Dann gelten a) und b) des Satzes 1.19.

Der Beweis dieses Satzes steht angeblich in einem Skript der Stanford-Universität, das dem Autor nicht zugänglich war. Der Satz sei hier ohne Beweis gebracht.

Für allgemeines Θ, also nicht wie in (1.3) und (1.6), gelten a) und b) des Satzes 1.19 so nicht mehr. Man benötigt i.A. gewisse Erweiterungen des Konzepts der Bayes-Regel.
Dazu etwa die Folgende.

Definition 1.22:
Eine Entscheidungsregel δ_* heißt **erweiterte Bayes-Regel** zur a-priori-Verteilung τ, wenn zu jedem $\varepsilon > 0$ gilt:

$$r(\tau, \delta_*) \leq r(\tau, \delta) + \varepsilon$$

für jede andere Entscheidungsregel δ.

Man kann nun das Konzept der vollständigen Menge etwas erweitern.

Definition 1.23:
Eine Menge C von Entscheidungsregeln heißt **fast vollständig**, wenn zu jeder Entscheidungsregel $\delta \notin C$ eine Entscheidungsregel $\delta_0 \in C$ existiert, die genausogut wie δ ist.

Unter gewissen topologischen Bedingungen kann man dann noch zeigen, dass die Menge der erweiterten Bayes-Regeln in einer fast vollständigen Klasse eine vollständige Menge bildet. Dazu siehe etwa Ferguson (1967).

Die obigen Resultate liefern folgende Erkenntnis:

Bei vielen statistischen Entscheidungsproblemen kann man sich bei der Suche nach sinnvollen oder optimalen (statistischen) Entscheidungsregeln auf die Menge der (zulässigen) Bayes-Regeln oder erweiterten Bayes-Regeln beschränken. Bayes-Regeln sind also entscheidungstheoretisch besonders ausgezeichnet, was zur Entwicklung der sogenannten Bayes-Statistik besonderen Anstoß gibt.

1.4   Schlussbemerkungen

Dieses Kapitel wurde ausgearbeitet nach Teilen der Bücher von Ferguson (1967) und Berger (1985). Etwa Satz 1.21 stammt in ähnlicher Form aus Berger (1985), wo allerdings leider bezüglich des Beweises auf ein unzugängliches Skript verwiesen wurde. Der interessierte Leser kann zur Abrundung seines Wissens über den oben behandelten Stoff noch Weiteres nachlesen in Ferguson (1967), Berger (1985), Robert (1994).

Kapitel 2   Bayes-Theorie

2.1   Bedingte Wahrscheinlichkeit

Grundlegend für die Bayes-Statistik sind die Konzepte der bedingten Wahrscheinlichkeit und des bedingten Erwartungswertes. Diese werden üblicherweise in der Grundausbildung der Stochastik ausführlich gebracht. Wegen der besonderen Bedeutung für den Stoff des Buches soll das in der Grundausbildung Gebrachte nochmals kurz, rekapitulierend aufgelistet werden.

Es seien im folgenden X_i, $i = 1, 2$ Zufallsvariable auf demselben Wahrscheinlichkeitsraum:

$$X_i \colon (\Omega, \mathcal{A}, P) \to (\mathbb{R}^{k_i}, \mathbb{B}^{k_i})$$

mit $k_i \in \mathbb{N}$. Es kann dann bewiesen werden, dass ein Übergangswahrscheinlichkeitsmaß

$$P_2^1 \colon \mathbb{R}^{k_1} \times \mathbb{B}^{k_2} \to [0, 1]$$

existiert, bezeichnet mit kurz: $P^{X_2}|^{X_1}$.

Man erinnere sich daran, dass für Messräume $(\Omega_i, \mathcal{A}_i)$, $i = 1, 2$ eine Abbildung

$$P_2^1 \colon \Omega_1 \times \mathcal{A}_2 \to [0, 1]$$

Übergangswahrscheinlichkeitsmaß heißt, wenn gelten:

a) Die Abbildung $P_2^1(\omega_1, \cdot) \colon \mathcal{A}_2 \to [0, 1]$ ist ein Wahrscheinlichkeitsmaß über $\mathcal{A}_2$ bei beliebigem, festgehaltenem $\omega_1 \in \Omega_1$.

b) Die Abbildung $P_2^1(\cdot, A_2) \colon \Omega_1 \to [0, 1]$ ist bei beliebigem festgehaltenem $A_2 \in \mathcal{A}_2$ eine $\mathcal{A}_1$-$\mathbb{B}$-messbare Abbildung.

Für das obige Übergangswahrscheinlichkeitsmaß $P^{X_2 | X_1}$ nennt man die durch

$$P^{X_2 | X_1 = x_1}(\cdot) := P_2^1(x_1, \cdot)$$

definierte Verteilung $P^{X_2 | X_1 = x_1}$ **bedingtes Wahrscheinlichkeitsmaß von X_2 gegeben $X_1 = x_1$**.

Die Wahrscheinlichkeit

$$P^{X_2 | X_1 = x_1}(B_2)$$

(mit $B_2 \in \mathbb{B}^{k_2}$) heißt dann **bedingte Wahrscheinlichkeit von $X_2 \in B_2$ gegeben $X_1 = x_1$**. Man verwendet dafür auch die Schreibweise:

$$P(X_2 \in B_2 \mid X_1 = x_1).$$

Ist X_1 diskret verteilt auf abzählbarem $\mathcal{X}_1 = \{x_{11}, x_{12}, \ldots\}$ mit:

$$P(X_1 = x_{1j}) > 0, \ \forall j \in \mathbb{N},$$

so gilt die **klassische Formel**:

$$P(X_2 \in B_2 \mid X_1 = x_1) = \frac{P(X_1 = x_1, X_2 \in B_2)}{P(X_1 = x_1)} \qquad (2.1)$$

für alle $x_1 \in \mathcal{X}_1$.

Allgemein ist noch zu sagen, dass $P^{X_2 | X_1 = x_1}(B_2)$ P^{X_1}-f.s. festgelegt ist durch die Aussage:

$$P(X_1 \in B_1, X_2 \in B_2) = \int_{B_1} P^{X_2 | X_1 = x_1}(B_2) P^{X_1}(dx_1) \qquad (2.2)$$

$$\text{gültig für alle } B_1 \in \mathbb{B}^{k_1}.$$

Zur Einführung des bedingten Erwartungswertes sei g eine reelle, messbare Funktion

$$g \colon (\mathbb{R}^{k_2}, \mathbb{B}^{k_2}) \to (\mathbb{R}, \mathbb{B}).$$

Ist $g(X_2)$ integrabel, so nennt man:

$$E(g(X_2) \mid X_1 = x_1) := \int g(x_2) P^{X_2}\big|^{X_1=x_1}(dx_2)$$

bedingten Erwartungswert von $g(X_2)$ **gegeben** $X_1 = x_1$. Man kann zeigen, dass

$$h(x_1) := E(g(X_2) \mid X_1 = x_1)$$

in x_1 $\mathbb{B}^{k_1}$-$\mathbb{B}$-messbar ist, d.h. insbesondere, dass $h(X_1)$ eine Zufallsvariable ist. Diese bezeichnet man als

$$E(g(X_2) \mid X_1)$$

und nennt sie **bedingten Erwartungswert von** $g(X_2)$ **gegeben** X_1. Sie ist P-f.s. eindeutig bestimmt durch die Aussage:

$$\int_A E(g(X_2) \mid X_1) dP = \int_A g(X_2) dP$$

gültig für alle $A \in \mathcal{A}$.

Für diesen bedingten Erwartungswert gelten gewisse wichtige Rechenregeln. Dazu sei spezieller:

$$g(x_2) = x_2, \ \forall x_2 \in \mathbb{R}^{k_2}$$

$$k_2 = 1.$$

Man hat dann mit P-fast-sicherer Gültigkeit:

(E.1) $E(X_2 \mid X_1)$ ist linear in X_2

(E.2) $E(f(X_1) \cdot X_2 \mid X_1) = f(X_1) \cdot E(X_2 \mid X_1)$,
    für reelles, messbares $f \colon \mathbb{R}^{k_1} \to \mathbb{R}$ derart, dass $f(X_1) \cdot X_2$ integrabel ist.

29

(E.3) $E(X_2 \mid X_1) = E(X_2)$,

wenn X_1 und X_2 stochastisch unabhängig sind.

(E.4) $E(E(X_2 \mid X_1)) = E(X_2)$,

die sogenannte **Iterativität**.

(E.5) $E(1_B(X_2) \mid X_1 = x_1) = P(X_2 \in B \mid X_1 = x_1)$

für $B \in \mathbb{B}^{k_2}$.

2.2   Bayes-Theorem

Gegeben seien Zufallsvariable auf demselben Wahrscheinlichkeitsraum:

$$X \colon (\Omega, \mathcal{A}, P) \to (\mathbb{R}^n, \mathbb{B}^n)$$

$$\theta \colon (\Omega, \mathcal{A}, P) \to (\Theta, \mathcal{C})$$

mit $\Theta \in \mathbb{B}^l$ und der σ-Algebra $\mathcal{C} = \Theta \cap \mathbb{B}^l$. Nach dem oben Gesagten existiert dann das bedingte Wahrscheinlichkeitsmaß von X gegeben $\theta = \vartheta$ (mit $\vartheta \in \Theta$), d.h. $P^{X}\big|^{\theta=\vartheta}$, kurz abgekürzt mit:

$$P_{\vartheta}^{X}.$$

In diesem Setup gilt der folgende Satz.

Satz 2.1 (Bayes-Theorem):

Die Familie $\{P_{\vartheta}^{X}, \ \vartheta \in \Theta\}$ sei dominiert durch ein σ-endliches Maß μ auf $(\mathbb{R}^n, \mathbb{B}^n)$. Ferner sei die Verteilung P^{θ} von θ dominiert durch ein σ-endliches Maß ν. Die μ-Dichte von P_{ϑ}^{X} sei f_{ϑ} und die ν-Dichte von P^{θ} dann g. Die Dichten $f_{\vartheta}(x)$ seien in (ϑ, x) $(\mathcal{C} \otimes \mathbb{B}^n)$-messbar. Dann

ist das bedingte Wahrscheinlichkeitsmaß $P^{\theta}\big|X=x$ dominiert durch ν.
Genauer hat $P^{\theta}\big|X=x$ die ν-Dichte:

$$f^{\theta}\big|X=x(\vartheta) := \frac{f_{\vartheta}(x) \cdot g(\vartheta)}{\int f_{\vartheta}(x) \cdot g(\vartheta)\nu(d\vartheta)} \tag{2.3}$$

auf:

$$M = \{x : \int f_{\vartheta}(x) \cdot g(\vartheta)\nu(d\vartheta) > 0\}.$$

Es gilt dabei:

$$P^{X}(M^{C}) = 0. \tag{2.4}$$

Beweis. Gemäß (2.2) ist zu zeigen, dass gilt:

$$\Gamma(X \in B, \theta \in C) = \int_{B}\left(\int_{C} f^{\theta}\big|X=x(\vartheta)\nu(d\vartheta)\right) P^{X}(dx). \tag{2.5}$$

Hierzu ist zunächst zu zeigen:

i) $h(x,\vartheta) := f_{\vartheta}(x) \cdot g(\vartheta)$ ist eine $(\mu \otimes \nu)$-Dichte von $P^{(X,\theta)}$.

ii) $f(x) := \int f_{\vartheta}(x) \cdot g(\vartheta)\nu(d\vartheta)$ ist eine μ-Dichte von P^{X}.

Nachweis von i):

Mit dem Satz von Fubini, (E.5), (E.2) und (E.4) folgt:

$$\int_{B \times C} h(x,\vartheta)d(\mu \otimes \nu)(x,\vartheta) = \int_{C}\left(\int_{B} f_{\vartheta}(x)\mu(dx)\right) \cdot g(\vartheta)\nu(d\vartheta)$$

$$= \int_{C} P^{X}\big|\theta=\vartheta(B) \cdot g(\vartheta)\nu(d\vartheta)$$

31

$$= \int_C E(1_B(X) \mid \theta = \vartheta) P^\theta(d\vartheta)$$

$$= E(1_C(\theta) \cdot E(1_B(X) \mid \theta))$$

$$= E(E(1_C(\theta) \cdot 1_B(X) \mid \theta))$$

$$= E(1_{B \times C}(X, \theta))$$

$$= \int_{B \times C} dP^{(X,\theta)}$$

$$= P^{(X,\theta)}(B \times C),$$

womit i) bewiesen ist.

Nachweis von ii): Mit dem Satz von Fubini, (E.5) und (E.4) folgt:

$$\int_B f(x)\mu(dx) = \int \left(\int_B f_\vartheta(x)\mu(dx) \right) \cdot g(\vartheta)\nu(d\vartheta)$$

$$= \int P^{X|\theta = \vartheta}(B) P^\theta(d\nu)$$

$$= \int E(1_B(x) \mid \theta = \vartheta) P^\theta(d\nu)$$

$$= E(E(1_B(x) \mid \theta))$$

$$= E(1_B(x)) = P^X(B),$$

womit ii) bewiesen ist.

Dass (2.4) gilt, folgt einfach so:

$$P^X(M^C) = \int_{M^C} f(x)\mu(dx)$$

$$= \int_{\{x : f(x) = 0\}} f(x)\mu(dx) = 0.$$

Nun zum *Nachweis von* (2.5). Wegen i), ii) und (2.4) folgt:

$$\int_B \left(\int_C f^{\theta \,|\, X=x}(\vartheta)\nu(d\vartheta) \right) P^X(dx) = \int_{B \cap M} \left(\int_C \frac{h(x,\vartheta)}{f(x)}\nu(d\vartheta) \right) \cdot f(x)\mu(dx)$$

$$= \int_B \left(\int_C h(x,\vartheta)\nu(d\vartheta) \right) \mu(dx)$$

$$= \int_{B \times C} h(x,\vartheta)d(\mu \otimes \nu)(x,\vartheta)$$

$$= P^{(X,\theta)}(B \times C).$$

$\square$

Die **klassische, elementare Bayes-Formel** ergibt sich als Sonderfall:

Korollar 2.2:

X sei diskret verteilt auf dem Träger $\mathcal{X} = \{x_1, x_2, \ldots\}$ und θ diskret auf dem Träger $\Theta = \{\vartheta_1, \vartheta_2, \ldots\}$. Dann gilt:

$$P(\theta = \vartheta_j \mid X = x) = \frac{P(X = x \mid \theta = \vartheta_j) \cdot P(\theta = \vartheta_j)}{\sum_{i=1}^{\infty} P(X = x \mid \theta = \vartheta_i) \cdot P(\theta - \vartheta_i)} \qquad (2.6)$$

für $x \in \mathcal{X}$. Hierbei ist:

$$P(\theta = \vartheta_j \mid X = x) = P(\theta \in \{\vartheta_j\} \mid X = x)$$

$$P(X = x \mid \theta = \vartheta_j) = P(X \in \{x\} \mid \theta = \vartheta_j).$$

Beweis. Im Satz 2.1 ist μ als das abzählende Maß auf $\mathcal{X}$ und ν als das abzählende Maß auf Θ zu wählen. Die Bayes-Formel (2.6) folgt dann direkt aus (2.3). $\square$

Man beachte, dass die Symbolik ebenda bereits im Einklang mit der Symbolik aus Kapitel 1 ist. Die Zufallsvariable X entspricht dem X

dort, das ϑ dem Parameter ϑ dort. Die Verteilung P^θ ist das τ im Abschnitt 1.3. Somit hat man:

Definition 2.3:

Im Kontext ebenda heißt P^θ die **a-priori-Verteilung von** θ.

Ferner ist folgende Bezeichnung üblich.

Definition 2.4:

Im Kontext ebenda heißt $P^{\theta|X}$ bzw. $P^{\theta|X=x}$ die **a-posteriori-Verteilung von** θ.

Formel (2.3) gibt somit die Dichte der a-posteriori-Verteilung an, gegeben die a-priori-Verteilung P^θ.

2.3   Konjugierte Verteilungen

Prinzipiell kann man über Satz 2.1 die Dichte der a-posteriori-Verteilung berechnen. Dennoch kann man bei der expliziten Angabe Schwierigkeiten bekommen, da das Integral im Nenner von (2.3) nicht immer analytisch lösbar ist.

Deshalb stellt sich die Frage, ob man zur Familie

$$\mathcal{P} = \{P^X_\vartheta,\ \vartheta \in \Theta\}$$

eine besonders "passende" Klasse von a-priori-Verteilungen angeben kann derart, dass die resultierenden a-posteriori-Verteilungen besonders "schön" sind.

Fordert man, dass die "passende" Klasse der a-priori-Verteilungen so ist, dass die Klasse der a-posteriori-Verteilungen wieder Teil der "passenden" Klasse der a-priori-Verteilungen ist, so kommt man zum Konzept der sogenannten konjugierten Verteilungen. Dazu die folgende Theorie. Meist ist $X = (X_1, \ldots, X_n)$ eine Stichprobe vom Umfang n. Verallgemeinert sei nun:

$$X = X_{(n)}$$

mit einem $n \in \mathbb{N}$. Man hat also die Familien:

$$\mathcal{P}_n = \{P_\vartheta^{X_{(n)}}, \, \vartheta \in \Theta\}$$

mit:

$$P_\vartheta^{X_{(n)}} = P^{X_{(n)}}\big|_{\theta=\vartheta}$$

und $n \in \mathbb{N}$. Damit kommt man zur:

Definition 2.5:
Eine Klasse von a-priori-Verteilungen

$$Q = \bigcup_n Q_n$$

derart, dass:

$$P^{\theta}\big|_{X_{(n)}=x_{(n)}} \in Q \quad \forall P^{\theta} \in Q_n$$

für f.s. alle $x_{(n)}$ gilt, heißt zu $(\mathcal{P}_n)_n$ **konjugierte Klasse**.

Zum Beweis eines allgemeinen Satzes zur Existenz einer solchen konjugierten Klasse benötigt man das folgende Lemma.

Lemma 2.6:

Die Bedingungen des Satzes 2.1 seien erfüllt für jedes $\mathcal{P}_n$ mit μ_n-Dichten $f_\vartheta^{(n)}$ $(= f_\vartheta$ in $\mathcal{P}_n)$. Die a-priori-Verteilung $P^\theta \in Q$ habe die ν-Dichte q. Für die Familie Q gelte $Q = \bigcup_n Q_n$. Ferner seien erfüllt:

a) $f_\vartheta^{(n)}(x) = c_n(x) \cdot q_{(x,n)}(\vartheta)$

mit einer Dichte $q_{(x,n)}$ einer Verteilung aus Q_n und einer messbaren Funktion $c_n(\cdot)$ (es sei hier $x = x_{(n)}$).

b) $q_1(\vartheta) \cdot q_2(\vartheta) = k(q_1, q_2) \cdot q_3(\vartheta)$

für Dichten q_i von Verteilungen aus Q und einer von q_1, q_2 abhängigen Konstanten $k(\cdot, \cdot)$.

Dann ist $Q = \bigcup_n Q_n$ konjugiert zu $(\mathcal{P}_n)_n$.

Beweis. Sei n fest gewählt. Zu $X_{(n)}$ sei $q_{(n)}$ die ν-Dichte von $P^\theta \in Q_n$. Nach Satz 2.1 gilt mit einem messbaren $c_{1n}(x)$:

$$f^{\theta \big| X_{(n)} = x}(\vartheta) = c_{1n}(x) \cdot f_\vartheta^{(n)}(x) \cdot q_{(n)}(\vartheta)$$

(mit $x = x_{(n)}$). Letztes ist nach a) mit einem messbaren $c_{2n}(x)$ gleich:

$$c_{2n}(x) \cdot q_{(x,n)}(\vartheta) \cdot q_{(n)}(\vartheta)$$

und dies wiederum nach b) mit einem messbaren $c_{3n}(x)$ und einer ν-Dichte $q_{(x,n)}^*$ einer Verteilung aus Q gleich:

$$c_{3n}(x) \cdot q_{(x,n)}^*(\vartheta).$$

Aus:

$$\int f^{\theta \big| X_{(n)} = x} d\nu = \int q_{(x,n)}^* d\nu = 1$$

folgt $c_{3n} \equiv 1$, also:

$$f^{\theta}\big|X_{(n)}=x = q^*_{(x,n)},$$

d.h.

$$P^{\theta}\big|X_{(n)}=x \in Q.$$

$\square$

Hiermit beweist man den folgenden Satz:

Satz 2.7:

Sei $X_{(n)} = (X_1, \ldots, X_n)$ mit Zufallsvariablen

$$X_i \colon (\Omega, \mathcal{A}, P) \to (\mathbb{R}, \mathbb{B}).$$

Es gelte:

(a) Die X_i sind **i.i.d. gegeben $\boldsymbol{\theta} = \boldsymbol{\vartheta}$**, d.h.

  (i) $P^{X_{(n)}}\big|\theta=\vartheta = \bigotimes\limits_{i=1}^{n} P^{X_i}\big|\theta=\vartheta, \ \forall \vartheta \in \Theta$,

  (ii) $P^{X_i}\big|\theta=\vartheta = P^{X_j}\big|\theta=\vartheta, \ \forall i \neq j, \forall \vartheta \in \Theta$.

(b) Die bedingten Verteilungen $P^{X_i}_{\vartheta} := P^{X_i}\big|\theta=\vartheta$ seien durch ein σ-endliches Maß μ dominiert. Die μ-Dichte sei jeweils $f^{X_i}_{\vartheta}$.

(c) Die gemeinsame $\mu^{\otimes n}$-Dichte von $P^{X_{(n)}}\big|\theta=\vartheta$:

$$f^{(n)}_{\vartheta}(x_1, \ldots, x_n) = \prod_{i=1}^{n} f^{X_i}_{\vartheta}(x_i) \qquad (2.7)$$

  sei $\mu^{\otimes n}$-f.s. darstellbar gemäß:

$$f^{(n)}_{\vartheta}(x_1, \ldots, x_n) = g^{(n)}_{\vartheta}(T_n(x_1, \ldots, x_n)) \cdot k_n(x_1, \ldots, x_n) \quad (2.8)$$

37

mit messbaren Funktionen:

$$g_{\vartheta}^{(n)} : \mathbb{R}^m \to [0, \infty)$$

$$k_n : \mathbb{R}^n \to (0, \infty)$$

und einer Statistik:

$$T_n : \mathbb{R}^n \to \mathbb{R}^m$$

mit von ϑ und n unabhängiger Dimension m.

Bezüglich T_n gelte noch folgendes:

Es sei $r = T_{m+n}(x_1, \ldots, x_m, y_1, \ldots, y_n)$ für $s = T_m(x_1, \ldots, x_m)$, $t = T_n(y_1, \ldots, y_n)$ nur abhängig von s und t, also nicht von der speziellen Wahl von $x_1, \ldots, x_m, y_1, \ldots, y_n$.

(d) Es existiere ein Maß ν auf $(\Theta, \mathcal{C})$ derart, dass für alle Werte t von T_n gilt:

$$\int_{\Theta} g_{\vartheta}^{(n)}(t)\nu(d\vartheta) \in (0, \infty).$$

Dabei ist vorausgesetzt, dass $g_{\vartheta}^{(n)}(t)$ in ϑ für festes t, n messbar ist.

Unter diesen Bedingungen existiert zu $(\mathcal{P}_n)_n$ mit:

$$\mathcal{P}_n = \{ P^{X^{(n)}} \big|^{\theta = \vartheta}, \ \vartheta \in \Theta \}$$

eine Klasse von konjugierten Verteilungen $Q = \bigcup_n Q_n$. Definiert man zu $t \in T_n(\mathbb{R}_n)$ die ν-Dichten:

$$h_{t,n}(\vartheta) := \frac{g_{\vartheta}^{(n)}(t)}{\int g_{\vartheta}^{(n)}(t)\nu(d\vartheta)},$$

so ist Q_n wählbar als die Menge der Verteilungen auf Θ mit den ν-Dichten $h_{t,n}$ mit $t \in T_n(\mathbb{R}_n)$.

Beweis. Offensichtlich hat man mit $x = (x_1, \ldots, x_n)$ und einem $c_n(x)$:

$$f_\vartheta^{(n)}(x) = c_n(x) \cdot h_{T_n(x), n}(\vartheta),$$

d.h. die Bedingung a) in Lemma 2.6 ist erfüllt.

Seien nun gegeben:

$$h_{(s,m)}(\vartheta), h_{t,m}(\vartheta) \in Q.$$

Zu $x_{(m)} = (x_1, \ldots, x_m), y_{(n)} = (y_1, \ldots, y_n)$ mit:

$$s = T_m(x_1, \ldots, x_m), t = T_n(y_1, \ldots, y_n)$$

sei

$$r = T_{m+n}(x_1, \ldots, x_m, y_1, \ldots, y_n).$$

Es folgt damit:

$$
\begin{aligned}
h_{s,m}(\vartheta) \cdot h_{t,n}(\vartheta) &= g_\vartheta^{(m)}(s) \cdot g_\vartheta^{(n)}(t) \cdot c_1(t, s, m, n) \\
&= f_\vartheta^{(m)}(x_{(m)}) \cdot f_\vartheta^{(n)}(y_{(n)}) \cdot c_2(x_{(m)}, y_{(n)}, m, n) \\
&= f_\vartheta^{(m+n)}(x_1, \ldots, x_m, y_1, \ldots, y_n) \cdot c_2(x_{(m)}, y_{(n)}, m, n) \\
&= g_\vartheta^{(m+n)}(r) \cdot c_3(x_{(m)}, y_{(n)}, m, n)
\end{aligned}
$$

mit geeigneten Konstanten $c_1(\cdot), c_2(\cdot), c_3(\cdot)$ nur abhängig von $t, s, x_{(m)}$, $y_{(n)}, m, n$.

Offensichtlich kann $c_3(x_{(m)}, y_{(n)}, m, n)$ nur über s, t von $x_{(m)}, y_{(n)}$ abhängen. Man hat also insgesamt:

$$h_{s,m}(\vartheta) \cdot h_{t,n}(\vartheta) = g_\vartheta^{(m+n)}(r) \cdot c(s, t, m, n)$$

mit einem $c(\cdot)$ nur abhängig von s, t, m, n. Letzteres ist aber mit einem nur von s, t, m, n abhängenden $k(\cdot)$ gleich:

$$h_{r,m+n}(\vartheta) \cdot k(s, t, m, n).$$

Also gilt auch b) im Lemma 2.6. $\qquad\square$

Anmerkung:

Im Sinne der Grundausbildung in Mathematischer Statistik ist (2.8) die Bedingung im **Neyman-Kriterium** für Suffizienz. Mit anderen Worten: T_n ist als **suffizient** für die Klasse $\{P^{X(n)}|_{\theta=\vartheta},\ \vartheta \in \Theta\}$ angenommen.

In den üblichen einfacheren Beispielen ist die Sachlage deutlich einfacher als im Satz 2.7. Man hat in diesen:

$$Q = Q_n,\ \forall n.$$

Dazu die folgenden prominentesten Fälle.

Beispiel 2.8:

Sei $X = (X_1, \ldots, X_n)$, mit $X_1, \ldots, X_n$ i.i.d. gegeben $\theta = \vartheta$ (vergleiche hierzu nochmals a)(i)+(ii) im Satz 2.7). Speziell sei X_i gegeben $\vartheta = p$ Binomial(n, p)-verteilt mit $n = 1, p \in (0, 1)$, d.h.:

$$P(X_i = k \mid \theta = p) = p^k(1 - p)^{1-k},\ \text{für } k \in \{0, 1\}.$$

Als $Q = Q_n$ wähle man die Klasse der Beta-Verteilungen Beta(α, β) mit $\alpha > 0, \beta > 0$, d.h. die Verteilungen mit Riemann-Dichten auf $(0, 1)$:

$$g_{\alpha,\beta}(p) = \frac{\Gamma(\alpha + \beta)}{\Gamma(\alpha)\Gamma(\beta)} \cdot p^{\alpha-1} \cdot (1 - p)^{\beta-1}. \tag{2.9}$$

Man erhält als a-posteriori-Verteilungen $P^\theta|_{X=x}$ (mit

$$x = (x_1, \ldots, x_n) \in \{0, 1\}^n)$$

40

die Beta(α_*, β_*)-Verteilungen mit zu (2.9):

$$\alpha_* = \alpha + \sum_{i=1}^{n} x_i, \ \beta_* = \beta + n - \sum_{i=1}^{n} x_i$$

Q ist somit konjugiert zu:

$$\mathcal{P} = \{B(1,p)^{\otimes n}, \ p \in \{0,1\}\}$$

Beispiel 2.9:

Sei wieder $X = (X_1, \ldots, X_n)$, mit $X_1, \ldots, X_n$ i.i.d. gegeben $\theta = \vartheta$. Speziell sei X_i gegeben $\vartheta = \lambda$ Poisson(λ)-verteilt mit $\lambda > 0$, d.h.

$$P(X_i = k \mid \theta = \lambda) = \frac{\lambda^k}{k!} \cdot \exp(-\lambda), \ \text{für } k \in \mathbb{N}_0.$$

Als $Q = Q_n$ ist geeignet die Klasse der Gammaverteilungen Gamma(α, β) mit $\alpha > 0, \beta > 0$, d.h. die Verteilungen mit Riemann-Dichten auf $(0, \infty)$:

$$g_{\alpha,\beta}(\lambda) = \frac{\beta^\alpha}{\Gamma(\alpha)} \cdot \lambda^{\alpha-1} \cdot \exp(-\beta \cdot \lambda). \tag{2.10}$$

Die a-posteriori-Verteilung zu (2.10) ist für $x = (x_1, \ldots, x_n) \in \mathbb{N}_0^n$ die Gamma(α_*, β_*)-Verteilung mit:

$$\alpha_* = \alpha + \sum_{i=1}^{n} x_i, \ \beta_* = \beta + n.$$

Q ist also konjugiert zu:

$$\mathcal{P} = \{\text{Poisson}(\lambda)^{\otimes n}, \ \lambda > 0\}.$$

Beispiel 2.10:

Sei auch nun $X = (X_1, \ldots, X_n)$, mit $X_1, \ldots, X_n$ i.i.d. gegeben $\theta = \vartheta$.

Diesmal sei X_i gegeben $\vartheta = p$ Negativ-Binomial(r, p)-verteilt (kurz: NB(r, p)) mit festem $r \in \mathbb{N}$ und $p \in (0, 1)$, d.h.:

$$P(X_i = k \mid \theta = p) = \binom{r + k - 1}{k} \cdot p^r \cdot (1 - p)^k, \text{ für } k \in \mathbb{N}_0.$$

$Q = Q_n$ sei wieder die Klasse der Beta(α, β)-Verteilungen (s. Beispiel 2.8) mit Dichten (2.9).

Als Verteilung $P^{\theta \mid X = x}$ mit $x = (x_1, \ldots, x_n) \in \mathbb{N}_0^n$ ergibt sich (zu (2.9)) die Beta(α_*, β_*)-Verteilung mit:

$$\alpha_* = \alpha + r \cdot n, \; \beta_* = \beta + \sum_{i=1}^{n} x_i.$$

Q ist somit konjugiert zu

$$\mathcal{P} = \{\text{NB}(r, p)^{\otimes n}, \; p \in (0, 1)\}.$$

Beispiel 2.11:

Wieder sei $X = (X_1, \ldots, X_n)$, mit $X_1, \ldots, X_n$ i.i.d. gegeben $\theta = \vartheta$. Die X_i seien gegeben $\vartheta = a$ Exponential(a)-verteilt mit $a > 0$, d.h.

$$P(X_i \leq x \mid \theta = a) = 1 - \exp(-a \cdot x), \text{ für } x \geq 0.$$

Als $Q = Q_n$ passt die Klasse der Gamma(α, β)-Verteilungen mit Riemann-Dichten (2.10). Die a-posteriori-Verteilung nach Erhalt von

$$x = (x_1, \ldots, x_n) \in (0, \infty)^n$$

ist bei der a-priori-Dichte (2.10) die Gamma(α_*, β_*)-Verteilung mit

$$\alpha_* = \alpha + n, \; \beta_* = \beta + \sum_{i=1}^{n} x_i.$$

Q ist damit konjugiert zu:

$$\mathcal{P} = \{\text{Exponential}(a)^{\otimes n},\ a > 0\}.$$

Beispiel 2.12:

Auch hier sei wieder $X = (X_1, \ldots, X_n)$, mit $X_1, \ldots, X_n$ i.i.d. gegeben $\theta = \vartheta$. Die X_i seien gegeben $\vartheta = \mu$ Normal(μ, σ_0^2)-verteilt mit gegebenem $\sigma_0^2 > 0$, d.h. $P^{X_i}\big|^{\theta=\mu}$ hat die Riemann-Dichte

$$f_\mu^{X_i}(x) = \frac{1}{\sqrt{2\pi}\sigma_0} \cdot e^{-\frac{1}{2}\left(\frac{x-\mu}{\sigma_0}\right)^2}, \text{ für } x \in \mathbb{R}.$$

$Q = Q_n$ sei die Klasse der Normal(ν, τ^2)-Verteilungen mit $\nu \in \mathbb{R}$, $\tau^2 > 0$. Die a-posteriori-Verteilung $P^\theta\big|^{X=x}$ mit $x = (x_1, \ldots, x_n) \in \mathbb{R}^n$ ist dann bei Parametern ν, τ^2 der a-priori-Verteilung die Normal(μ_*, σ_*^2)-Verteilung mit

$$\mu_* = \frac{\sigma_0^2 \nu + \tau^2 \cdot \sum\limits_{i=1}^{n} x_i}{\sigma_0^2 + \tau^2 \cdot n},\ \sigma_*^2 = \frac{\tau^2 \sigma_0^2}{\upsilon_0^2 + \tau^2 \cdot n}.$$

Q ist also konjugiert zu:

$$\mathcal{P} = \{\text{Normal}(\mu, \sigma_0^2)^{\otimes n},\ \mu \in \mathbb{R}\}.$$

Bei all diesen klassischen Beispielen muss man nicht Satz 2.7 heranziehen. Vielmehr kann direkt mit Satz 2.1 argumentiert werden. Exemplarisch sei ein Fall bewiesen.

Beweis von Beispiel 2.9. Die Zähldichte von $P^X\big|^{\theta=\lambda}$ ist bekanntlich

$$f_\lambda(x) = \frac{\lambda^{\sum\limits_{i=1}^{n} x_i}}{\prod\limits_{i=1}^{n} x_i!} \cdot \exp(-n\lambda), \text{ für } x = (x_1, \ldots, x_n) \in \mathbb{N}_0^n.$$

43

Man erhält damit:

$$\int_0^\infty f_\lambda(x) \cdot g_{\alpha,\beta}(\lambda)d\lambda$$

$$= \frac{\beta^\alpha}{\Gamma(\alpha)} \cdot \frac{1}{\prod_{i=1}^n x_i!} \cdot \int_0^\infty \lambda^{\sum_{i=1}^n x_i + \alpha - 1} \cdot \exp(-(n+\beta) \cdot \lambda)d\lambda$$

$$= \frac{\beta^\alpha}{\Gamma(\alpha)} \cdot \frac{1}{\prod_{i=1}^n x_i!} \cdot (n+\beta)^{-(\sum_{i=1}^n x_i + \alpha)} \int_0^\infty z^{\sum_{i=1}^n x_i + \alpha - 1} \cdot \exp(-z)dz$$

$$= \frac{\beta^\alpha}{\Gamma(\alpha)} \cdot \frac{1}{\prod_{i=1}^n x_i!} \cdot (n+\beta)^{-(\sum_{i=1}^n x_i + \alpha)} \Gamma(\sum_{i=1}^n x_i + \alpha)$$

Formel (2.3) liefert als Riemann-Dichte der a-posteriori-Verteilung $P^{\theta|X=x}$ auf $\Theta = (0,\infty)$:

$$f^{\theta|X=x}(\lambda) = \frac{f_\lambda(x) \cdot g_{\alpha,\beta}(\lambda)}{\int_0^\infty f_\lambda(x) \cdot g_{\alpha,\beta}(\lambda)d\lambda}$$

$$= \frac{\frac{\beta^\alpha}{\Gamma(\alpha)} \cdot \frac{1}{\prod_{i=1}^n x_i!} \cdot \lambda^{\sum_{i=1}^n x_i + \alpha - 1} \cdot \exp(-(n+\beta) \cdot \lambda)}{\frac{\beta^\alpha}{\Gamma(\alpha)} \cdot \frac{1}{\prod_{i=1}^n x_i!} \cdot (n+\beta)^{-(\sum_{i=1}^n x_i + \alpha)} \Gamma(\sum_{i=1}^n x_i + \alpha)}$$

$$= \frac{(n+\beta)^{\sum_{i=1}^n x_i + \alpha}}{\Gamma(\sum_{i=1}^n x_i + \alpha)} \cdot \lambda^{\sum_{i=1}^n x_i + \alpha - 1} \cdot \exp(-(n+\beta) \cdot \lambda).$$

Dies ist die Dichte von Gamma(α_*, β_*) mit

$$\alpha_* = \alpha + \sum_{i=1}^n x_i, \ \beta_* = \beta + n.$$

$\square$

Anmerkung:

Weitere wichtige Beispiele findet man z.B. in De Groot (1970), pages 168-179.

2.4 Exponentialfamilien

Von besonderer Bedeutung für die Mathematische Statistik ist die in folgender Definition eingeführte Klasse von Wahrscheinlichkeitsverteilungen.

Definition 2.13:

Sei $\mathcal{P} = \{P_\vartheta, \vartheta \in \Theta\}$ eine Familie von Wahrscheinlichkeitsverteilungen auf $(\mathcal{X}, \mathcal{B})$. $\mathcal{P}$ sei dominiert durch ein σ-endliches Maß μ und die μ-Dichte von P_ϑ sei von der Struktur:

$$f_\vartheta(x) = C(\vartheta) \cdot \exp(c(\vartheta) \cdot T(x)) \cdot h(x) \qquad (2.11)$$

mit einer Abbildung $C\colon \Theta \to (0, \infty)$, einer Abbildung $c\colon \Theta \to \mathbb{R}$, einer messbaren Abbildung $h\colon (\mathcal{X}, \mathcal{B}) \to [0, \infty)$ und einer Statistik $T\colon (\mathcal{X}, \mathcal{B}) \to (\mathbb{R}, \mathbb{B})$. Die Familie $\mathcal{P}$ heißt dann **einparametrische Exponentialfamilie** in $c(\cdot)$ und $T(\cdot)$ (und Parameter ϑ).

Anmerkung:

Man kann statt μ auch das dominierende Maß ν, definiert gemäß

$$\nu(A) = \int_A h(x)\mu(dx),$$

wählen. Dann geht (2.11) über in die Form der ν-Dichte:

$$f_\vartheta(x) = C(\vartheta) \cdot \exp(c(\vartheta) \cdot T(x)).$$

Gilt spezieller $c(\vartheta) \equiv \vartheta$, so nennt man die Exponentialfamilie **natürlich**.

Zu einer spezielleren Klasse von Exponentialfamilien kann man leicht eine konjugierte Klasse angeben:

Satz 2.14:

Es sei $X = (X_1, \ldots, X_n)$ mit Zufallsvariablen:

$$X_i \colon (\Omega, \mathcal{A}, P) \to (\mathbb{R}, \mathbb{B}).$$

Ferner sei wie oben θ eine Zufallsvariable

$$\theta \colon (\Omega, \mathcal{A}, P) \to (\Theta, \mathcal{C}).$$

Es gelte:

a) $\Theta = (a, b) \subset \mathbb{R}$, $\mathcal{C} = (a, b) \cap \mathbb{B}$

b) $X_1, \ldots, X_n$ seien i.i.d. gegeben $\theta = \vartheta$ (vergleiche Satz 2.7(a)).

c) Mit $P_\vartheta^{X_i} := P^{X_i}|\theta = \vartheta$ sei die Familie

$$\mathcal{P} = \{P_\vartheta^{X_i}, \vartheta \in \Theta\}$$

eine natürliche, einparametrische Exponentialfamilie in $T(x_i) = -x_i$, genauer mit ν-Dichte von $P_\vartheta^{X_i}$:

$$f_\vartheta^{X_i}(x_i) = C(\vartheta) \cdot \exp(-\vartheta \cdot x_i), \tag{2.12}$$

wobei $C(\cdot)$ eine Abbildung von Θ nach $(0, \infty)$ ist.

Als Familie der a-priori-Verteilungen sei $Q = \bigcup_{m=0}^{\infty} E_m$ gewählt, wobei E_m die Klasse der natürlichen, einparametrischen Exponentialfamilie auf $(\Theta, \mathcal{C})$ mit $T(\vartheta) = -\vartheta$ und Parameter $x_0 \in (\alpha, \beta) \subset \mathbb{R}$ (mit α, β geeignet) mit Lebesgue-Dichten:

$$g(\vartheta) = [C(\vartheta)]^m \cdot \frac{\exp(-x_0 \cdot \vartheta)}{D(m, x_0)} \tag{2.13}$$

sei. Dabei ist $D(m, x_0)$ die Normierungskonstante, sodass $\int\limits_a^b g(\vartheta)d\vartheta = 1$ gilt.

Dann ist $Q(= Q_n, \forall n)$ konjugiert zu $(\mathcal{P}_n)_n$ mit:

$$\mathcal{P}_n = \{P_\vartheta^X, \ \vartheta \in \Theta\},$$

wobei:

$$P_\vartheta^X := P^X\big|_{\theta=\vartheta} = \bigotimes_{i=1}^n P^{X_i}\big|_{\theta=\vartheta}.$$

Genauer hat man zu (2.12),(2.13) für die Lebesgue-Dichte $f^{\theta|X=x}$ der a-posteriori Verteilung $P^{\theta|X=x}$ mit $x = (x_1, \ldots, x_n)$:

$$f^{\theta|X=x}(\vartheta) = [C(\vartheta)]^{n+m} \cdot \frac{\exp(-(x_0 + \sum\limits_{i=1}^n x_i) \cdot \vartheta)}{D(n+m, x_0 + \sum\limits_{i=1}^n x_i)}. \tag{2.14}$$

Beweis. Es genügt (2.14) zu zeigen, da die Dichte (2.14) zu einer Verteilung in E_{n+m} gehört. Man verwendet dazu einfach Satz 2.1 (mit o.B.d.A. $M = \emptyset$). Nach (2.3) hat man sofort für $x = (x_1, \ldots, x_n)$:

$$f^{\theta|X=x}(\vartheta) = \frac{\left(\prod\limits_{i=1}^n f_\vartheta^{X_i}(x_i)\right) \cdot g(\vartheta)}{\int \left(\prod\limits_{i=1}^n f_\vartheta^{X_i}(x_i)\right) \cdot g(\vartheta)d\vartheta}.$$

Man setzt (2.12),(2.13) ein, was liefert:

$$f^{\theta\big|X=x}(\vartheta) = [C(\vartheta)]^{n+m} \cdot \frac{\exp(-(x_0 + \sum\limits_{i=1}^{n} x_i) \cdot \vartheta)}{\tilde{D}(n, m, x_0, x_1, \ldots, x_n)}$$

mit einer Konstanten $\tilde{D}(n, m, x_0, x_1, \ldots, x_n)$.

Wegen:

$$\int f^{\theta\big|X=x}(\vartheta) d\vartheta = 1$$

und:

$$\int [C(\vartheta)]^{n+m} \cdot \exp\left(-(x_0 + \sum\limits_{i=1}^{n} x_i) \cdot \vartheta\right) d\vartheta = D(n + m, x_0 + \sum\limits_{i=1}^{n} x_i)$$

folgt:

$$\tilde{D}(n, m, x_0, x_1, \ldots, x_n) = D(n + m, x_0 + \sum\limits_{i=1}^{n} x_i).$$

$\square$

Als klassisches **Beispiel** für diesen Satz kann man den Kontext von Beispiel 2.11 angeben. In (2.12) ist dazu $c(\vartheta) = \vartheta = a \in (0, \infty)$ zu setzen. Die Verteilung mit Dichte (2.13) ist dann die Dichte der Gamma$(m + 1, x_0)$-Verteilung mit $x_0 \in (0, \infty)$.

2.5   Schlussbemerkungen

Teile dieses Kapitels sind Ausarbeitungen von Ergebnissen und Herleitungen in De Groot (1970). Etwa Satz 2.7 steht dort in recht lockerer Form und wurde nach De Groots Niederschrift sauber und detailliert vom Autor ausgearbeitet. Es gibt noch andere Überlegungen als die

Konjugiertheit zur Auswahl von a-priori-Verteilungen. Man schaue dazu nach etwa in Berger (1985, Chapter 3). Ein umfangreiches Werk zur Bayes-Theorie ist das von Bernardo & Smith (1994).

Kapitel 3 Bayes-Testheorie

3.1 Optimale Tests

Man erinnere sich an das Bayes-statistische Entscheidungsproblem:

$$((\Theta, \mathcal{C}, \tau), (A, \mathcal{A}), L, X, \mathcal{P})$$

aus Abschnitt 1.3 mit Verteilungsklasse:

$$\mathcal{P} = \{P_\vartheta^X, \ \vartheta \in \Theta\}.$$

Dabei ist:

$$X \colon (\Omega, \mathcal{A}, P) \to (\mathcal{X}, \mathcal{B})$$

die **Stichprobe**, aufgrund derer eine Auswahl einer Aktion $a \in A$ mittels einer Entscheidungsregel $\delta(x, \cdot)$ erfolgt (vgl. Abschnitt 1.1). Das τ ist die a-priori-Verteilung, also die Verteilung P^θ einer Zufallsvariablen

$$\theta \colon (\Omega, \mathcal{A}, P) \to (\Theta, \mathcal{C}).$$

Hiermit ist dann:

$$P_\vartheta^X = P^{X \mid \theta = \vartheta}$$

im Sinne von Abschnitt 2.1. Damit diese bedingte Wahrscheinlichkeit existiert, sei angenommen:

$$\mathcal{X} = \mathbb{R}^n, \mathcal{B} = \mathbb{B}^n$$

$$\Theta \in \mathbb{B}^l, \mathcal{C} = \Theta \cap \mathbb{B}^l.$$

Als Entscheidungsproblem werde nun betrachtet das sogenannte **Test-problem**. Bei diesem ist:

$$A = \{0, 1\}, \mathcal{A} = \mathcal{P}(A)$$

und Θ zerlegt in

$$\Theta = H + K$$

mit $H \in \mathcal{C}$, $K \in \mathcal{C}$. Die Menge H ist die sogenannte **Hypothese**, die Menge K die sogenannte **Alternative**. Man will aufgrund einer Beobachtung x von X entscheiden, ob der wahre, zugrundeliegende Parameter ϑ in H oder K liegt.

Entscheidet man aufgrund der Entscheidungsregel $\delta(x, \cdot)$ für die Aktion $0 \in A$, so soll dies bedeuten, dass die Entscheidung "$\vartheta \in H$" gefällt ist. Für die gewählte Aktion $1 \in A$ fällt die Entscheidung "$\vartheta \in K$".

Bei gegebener Entscheidungsregel $\delta(x, \cdot)$ sind hier nur die Werte:

$$\delta(x, \{1\}), \ \delta(x, \{0\})$$

von Bedeutung. Wegen:

$$\delta(x, \{0\}) = 1 - \delta(x, \{1\})$$

ist $\delta(x, \cdot)$ komplett durch $\delta(x, \{1\})$ festgelegt. Man nennt die messbare Abbildung

$$\varphi \colon (\mathcal{X}, \mathcal{B}) \to [0, 1],$$

definiert gemäß:

$$\varphi(x) = \delta(x, \{1\}), \tag{3.1}$$

Test zum gegebenen Testproblem. Der Wert $\varphi(x)$ ist die Wahrscheinlichkeit für die Entscheidung für "$\vartheta \in K$".

Die Angabe einer Entscheidungsregel $\delta(x, \cdot)$ ist im Falle des obigen Testproblems äquivalent mit der Angabe des Tests $\varphi(x)$.

Gemäß dem in 1.3 Gesagten sind im Bayesschen Entscheidungsproblem die Bayes-Regeln als ausgezeichnete Entscheidungsregeln gesucht. Dazu die folgende Definition.

Definition 3.1:

Zu einer Bayes-Regel $\delta(x, \cdot)$ heißt der dazu gemäß (3.1) korrespondierende Test $\varphi(x) =: \varphi_*(x)$ **Bayes-Test**.

Man sucht also im Testproblem als **optimale "Lösung"** einen Bayes-Test. Zur Herleitung benötigt man das passende Bayes-Risiko. Zur Angabe dessen ist eine passende Verlustfunktion festzulegen. Plausibel erscheint die Wahl gemäß der Festlegung:

$$L(\vartheta, 1) = \begin{cases} 0, & \text{für } \vartheta \in K \\ c_1, & \text{für } \vartheta \in H \end{cases}$$

$$L(\vartheta, 0) = \begin{cases} c_2, & \text{für } \vartheta \in K \\ 0, & \text{für } \vartheta \in H \end{cases}$$

mit Konstanten $c_1 > 0$, $c_2 > 0$.

Satz 3.2:

Im obigen Kontext ist das Bayes-Risiko für den zu $\delta(x, \cdot)$ korrespondierenden Test φ:

$$r(\tau, \varphi) = c_1 \cdot \int_H E_\vartheta(\varphi)\tau(d\vartheta) + c_2 \cdot \int_K (1 - E_\vartheta(\varphi))\tau(d\vartheta)$$

mit:

$$E_\vartheta(\varphi) = \int \varphi(x) P_\vartheta^X(dx).$$

Dabei sei $E_\vartheta(\varphi)$ als messbar in ϑ vorausgesetzt.

Beweis. Man hat für $\vartheta \in H$:

$$\begin{aligned}
R(\vartheta, \delta) &= \int \int L(\vartheta, a) \cdot \delta(x, da) P_\vartheta^X(dx) \\
&= \int L(\vartheta, 1)\varphi(x) P_\vartheta^X(dx) + \int L(\vartheta, 0)(1 - \varphi(x)) P_\vartheta^X(dx) \\
&= c_1 \cdot E_\vartheta(\varphi)
\end{aligned}$$

und analog für $\vartheta \in K$:

$$\begin{aligned}
R(\vartheta, \delta) &= \int \int L(\vartheta, a) \cdot \delta(x, da) P_\vartheta^X(dx) \\
&= c_2 \cdot (1 - E_\vartheta(\varphi)).
\end{aligned}$$

Man erhält damit einfach als Bayes-Risiko von δ bzw. äquivalent von φ:

$$r(\tau, \varphi) = \int_H R(\vartheta, \delta)\tau(d\vartheta) + \int_K R(\vartheta, \delta)\tau(d\vartheta).$$

$\square$

Ein **Bayes-Test** (zur a-priori-Verteilung τ) ist somit ein Test φ_*, für den gilt:

$$r(\tau, \varphi_*) \leq r(\tau, \varphi)$$

für jeden anderen Test φ.

Gemäß obigen Abhandlungen ist dabei ein **Test** φ einfach eine messbare Abbildung:

$$\varphi \colon (\mathcal{X}, \mathcal{B}) \to [0, 1],$$

mit der Interpretation, dass $\varphi(x)$ bei Beobachtung x (von der Stichprobe X) die Wahrscheinlichkeit für die Entscheidung für K angibt.
Erstaunlicherweise lässt sich ein Bayes-Test sehr einfach allgemein angeben.

Satz 3.3:
Die Familie $\mathcal{P} = \{P_\vartheta^X, \vartheta \in \Theta\}$ sei durch ein σ-endliches Maß μ domi-
niert. Die μ-Dichten $f_\vartheta(x)$ von P_ϑ^X seien in (ϑ, x) $(\mathcal{C} \otimes \mathbb{B}^n)$-messbar.
Der Test:

$$
\varphi_*(x) = \begin{cases} 1, & \text{falls } c_2 \cdot P^{\theta|X=x}(K) > c_1 \cdot P^{\theta|X=x}(H) \\ 0, & \text{sonst} \end{cases}
$$

ist ein Bayes-Test.

Beweis. Zur Vereinfachung sei $c_1 = c_2 = 1$ angenommen.

1.) Es gilt ja:

$$
E_\vartheta(\varphi) = \int \varphi \cdot f_\vartheta \, d\mu
$$

und somit hat man:

$$
\begin{aligned}
r(\tau, \varphi) &= \tau(K) + \int_H E_\vartheta(\varphi)\tau(d\vartheta) - \int_K E_\vartheta(\varphi)\tau(d\vartheta) \\
&= \tau(K) + \int \left(\int_H f_\vartheta d\tau - \int_K f_\vartheta d\tau \right) \cdot \varphi \, d\mu.
\end{aligned} \tag{3.2}
$$

Definiert man die Mengen

$$
\begin{aligned}
I_1 &= \{x : \int_H f_\vartheta(x)d\tau > \int_K f_\vartheta(x)d\tau\} \\
I_2 &= \{x : \int_H f_\vartheta(x)d\tau < \int_K f_\vartheta(x)d\tau\},
\end{aligned}
$$

so erhält man für Tests φ^*, φ mit (3.2):

$$r(\tau,\varphi)-r(\tau,\varphi^*) =$$

$$= \int (\int_H f_\vartheta d\tau - \int_K f_\vartheta d\tau) \cdot (\varphi - \varphi^*)d\mu$$

$$= \int_{I_1} (\int_H f_\vartheta d\tau - \int_K f_\vartheta d\tau) \cdot (\varphi - \varphi^*)d\mu$$

$$+ \int_{I_2} (\int_H f_\vartheta d\tau - \int_K f_\vartheta d\tau) \cdot (\varphi - \varphi^*)d\mu. \qquad (3.3)$$

2.) Angewendet wird nun Satz 2.1. Dort setzt man $\nu = \tau$, d.h. man hat $g \equiv 1$.

Nach (2.3) hat $P^\theta|^{X=x}$ die τ-Dichte:

$$\frac{f_\vartheta(x)}{\int_\Theta f_\vartheta(x)\tau(d\vartheta)}$$

auf $M = \{x : \int_\Theta f_\vartheta(x)\tau(d\vartheta) > 0\}$. Es folgt damit, dass auf $x \in M$:

$$P^\theta|^{X=x}(B) = \frac{\int_B f_\vartheta(x)\tau(d\vartheta)}{\int_\Theta f_\vartheta(x)\tau(d\vartheta)}.$$

Für $x \in M$ sind also die Aussagen:

$$\int_K f_\vartheta(x)\tau(d\vartheta) \gtrless \int_H f_\vartheta(x)\tau(d\vartheta)$$

äquivalent mit den Aussagen:

$$P^\theta|^{X=x}(K) \gtrless P^\theta|^{X=x}(H).$$

Für $x \notin M$ gilt:

$$\int_K f_\vartheta(x)\tau(d\vartheta) = \int_H f_\vartheta(x)\tau(d\vartheta),$$

d.h. $M^C \cap (I_1 \cup I_2) = \emptyset$. Insgesamt folgt also:

$$\varphi_*(x) = \begin{cases} 1, & \text{wenn } x \in I_2 \\ 0, & \text{wenn } x \in I_1. \end{cases} \qquad (3.4)$$

3.) Mit (3.3) und (3.4) erhält man:

$$r(\tau, \varphi) - r(\tau, \varphi_*)$$

$$= \int_{I_1} \left(\int_H f_\vartheta(x)\tau(d\vartheta) - \int_K f_\vartheta(x)\tau(d\vartheta) \right) \cdot \varphi(x)\mu(dx)$$

$$+ \int_{I_2} \left(\int_H f_\vartheta(x)\tau(d\vartheta) - \int_K f_\vartheta(x)\tau(d\vartheta) \right) \cdot (\varphi(x) - 1)\mu(dx).$$

Nach den Definitionen von I_1 und I_2 und wegen $\varphi(x) \in [0,1]$ sind die Integranten unter beiden Integralen nichtnegativ.

Also gilt:

$$r(\tau, \varphi) - r(\tau, \varphi_*) \geq 0.$$

$\square$

Anmerkung:

Offensichtlich ist der Bayes-Test φ^* in Satz 3.3 nichtrandomisiert. Wegen

$$P^{\theta | X=x}(H) = 1 - P^{\theta | X=x}(K)$$

lässt sich φ^* umschreiben in die eleganteren Formen:

$$\varphi_*(x) = \begin{cases} 1, & \text{falls } P^{\theta | X=x}(K) > \frac{c_1}{c_1+c_2} \\ 0, & \text{sonst} \end{cases}$$

bzw.

$$\varphi_*(x) = \begin{cases} 1, & \text{falls } P^{\theta | X=x}(H) < \frac{c_2}{c_1+c_2} \\ 0, & \text{sonst} \end{cases} \tag{3.5}$$

Dazu das folgende Beispiel:

Beispiel 3.4:

Gegeben sei das Setup aus Beispiel 2.12. Getestet werden sollen die Hypothese und Alternative:

$$H : \mu \leq \mu_0 \text{ gegen } K : \mu > \mu_0$$

mit einem gegebenen $\mu_0 \in \mathbb{R}$.

Man hat nach Beispiel 2.12:

$$P^{\theta}\big|^{X=x} = \text{Normal}(\mu_*, \sigma_*^2)$$

für $x = (x_1, \ldots, x_n)$ und:

$$\mu_* = \frac{\sigma_0^2 \nu + \tau^2 \cdot \sum_{i=1}^{n} X_i}{\sigma_0^2 + \tau^2 \cdot n}$$

$$\sigma_*^2 = \frac{\tau^2 \sigma_0^2}{\sigma_0^2 + \tau^2 \cdot n}.$$

Die Bedingung in (3.5):

$$P^{\theta}\big|^{X=x}(H) < \frac{c_2}{c_1 + c_2}$$

geht also hier über in:

$$\Phi\left(\frac{\mu_0 - \mu_*}{\sigma^*}\right) < \frac{c_2}{c_1 + c_2}.$$

Dies bedeutet:

$$\frac{\mu_0 - \mu_*}{\sigma_*} < u \tag{3.6}$$

mit dem Quantil:

$$u = \Phi^{-1}\left(\frac{c_2}{c_1 + c_2}\right).$$

(3.6) rechnet sich um mit:

$$\bar{X}_n = \frac{1}{n} \cdot \sum_{i=1}^{n} X_i$$

zur Ungleichung:

$$\bar{X}_n > \mu_0 + (\mu_0 - \nu) \cdot \frac{\sigma_0^2}{\tau^2 \cdot n} - \frac{u}{\tau n} \cdot \sigma_0 \cdot \sqrt{\sigma_0^2 + \tau^2 n}.$$

Bezeichnet man die rechte Seite mit

$$c_n(\mu_0, \sigma_0^2, \nu, \tau^2),$$

so erhält man als Bayes-Test für H gegen K:

$$\varphi_*(x) = \begin{cases} 1, & \text{falls } \bar{X}_n > c_n(\mu_0, \sigma_0^2, \nu, \tau^2) \\ 0, & \text{sonst} \end{cases}$$

Diesen kann man als **Bayes-Gaußtest** bezeichnen. $\square$

Nach Kenntnis des Autors werden Bayes-Tests, wie etwa der in Beispiel 3.4, praktisch nicht eingesetzt. Man zieht die α-Niveau-Tests der klassischen Mathematischen Statistik vor.

3.2   Wichtige Anwendung

Eine Sachlage, in der man ein gebräuchliches Verfahren als Bayes-Test herleiten kann, ist das Problem der sogenannten **Diskrimination**. Hierbei geht es darum, ein Individuum einer von mehreren disjunkten Gruppen (Populationen) aufgrund einer Menge von beobachteten Charakteristiken zuzuordnen. Betrachtet werde der einfache Fall von zwei Populationen.

Mathematisch kann das Problem nun wie folgt modelliert werden:

Gegeben ist eine vektorwertige Zufallsvariable (bestehend aus den Charakteristiken):

$$X = (X_1, \ldots, X_n)^T \colon (\Omega, \mathcal{A}, P) \to (\mathbb{R}^k, \mathbb{B}^k),$$

deren Verteilung eine von zwei verschiedenen Verteilungen ist, d.h. man weiß:

$$P^X \in \{P_1, P_2\}$$

mit Wahrscheinlichkeitsmaßen $P_i/(\mathbb{R}^k, \mathbb{B}^k)$.

Ist $P^X = P_i$, so bedeutet dies, dass die i-te Population vorliegt. Gegeben sei dabei noch (für $i = 1, 2$) die a-priori-Wahrscheinlichkeit π_i für das Zutreffen von P_i, d.h. die Wahrscheinlichkeit, dass das Individuum aus der Population no. i ist.

Praktisch kann man π_1, π_2 als die Anteile der Populationen in ihrer Vereinigung interpretieren.

Das optimale Entscheidungsverfahren zur Entscheidung zwischen P_1 und P_2 basierend auf X ist offensichtlich der **Bayes-Test** des Abschnitts vorher. Man hat im Kontext des Abschnittes 3.1 einfach zu setzen:

$$\Theta = \{1, 2\}$$
$$H = \{1\}, \ K = \{2\}.$$

H, K seien von nun ab als H_1, H_2 bezeichnet. Zur Angabe des Bayes-Tests sei noch zusätzlich angenommen:

P_i sei diskret verteilt mit Zähldichte $p_i(x)$ für x aus dem von i unabhängigen Träger $T = \{t_1, t_2, \ldots\} \subset \mathbb{R}^k$.

Nach Satz 3.3 ist das optimale Vorgehen so:

Man ordnet das betrachtete Individuum mit Beobachtungsvektor $X = x$, der Population no. i zu (d.h. man entscheidet für das H_i), für welches:

$$c_i \cdot P^{\theta \big| X = x}(\{i\})$$

das Größere ist. Dabei ist θ die Zufallsvariable auf Θ mit

$$P(\theta = i) = \pi_i.$$

Nach Formel (2.3) hat man aber:

$$P^{\theta \big| X = x}(\{i\}) = \frac{p_i(x) \cdot \pi_i}{\sum\limits_{j=1}^{2} p_j(x) \cdot \pi_j}.$$

Der Zähler des Bruchs wird üblicherweise i-**tes Diskriminanzgewicht** genannt. Er ist:

$$S_i(x) = p_i(x) \cdot \pi_i.$$

Offensichtlich erfolgt die optimale Zuordnung des Individuums mit Beobachtungsvektor $X = x$ über $S_i(x)$. Das Individuum wird der Population no. i zugeordnet, die das größere Diskriminanzgewicht hat. Dieses Klassifikationsverfahren wird üblicherweise bei der sogenannten **Diskriminanzanalyse** (bei zwei Gruppen) verwendet.

3.3 Konfidenzbereiche

Gegeben sei die Notation aus Abschnitt 3.1. Gesucht ist so etwas wie ein Bayes-Konfidenzintervall für den unbekannten Parameter ϑ. In der klassischen Mathematischen Statistik leitet man Konfidenzintervalle $C(\cdot)$ üblicherweise aus nichtrandomisierten Tests φ_ϑ zur Hypothese $H = \{\vartheta\}$ und passender Alternative her über die Beziehung:

$$C(x) = \{\vartheta : \varphi_\vartheta(x) = 0\}. \tag{3.7}$$

Dieses $C(x)$ ist dann zur Beobachtung x von X der Bereich, in dem ϑ (mit gewisser hoher Wahrscheinlichkeit) liegt. Dieses Prinzip kann auch zur Herleitung von Bayes-Konfidenzbereichen verwendet werden. Man kann nämlich für $\varphi_\vartheta(x)$ den Bayes-Test φ_* aus Satz 3.3 verwenden für speziell:

$$H = \{\vartheta\}, \; K = \Theta \setminus \{\vartheta\}.$$

Die Aussage:

$$\varphi_*(x)(= \varphi_\vartheta(x)) = 0$$

ist nach (3.5) äquivalent mit:

$$P^{\theta \mid X=x}(\{\vartheta\}) \geq \frac{c_2}{c_1 + c_2}.$$

Ist $P^{\theta \mid X=x}$ dominiert durch das Lebesgue-Maß, so ersetzt man naheliegend $P^{\theta \mid X=x}(\{\vartheta\})$ durch die Lebesgue-Dichte $f^{\theta \mid X=x}(\vartheta)$ von $P^{\theta \mid X=x}$. Man erhält somit über das Prinzip (3.7) als "passenden" **Bayes-Konfidenzbereich** für ϑ:

$$C(x) = \{\vartheta : f^{\theta \mid X=x}(\vartheta) \geq k\} \tag{3.8}$$

mit:

$$k = k(c_1, c_2).$$

Statt k mittels c_1, c_2 festzulegen, ist es naheliegender, k (ähnlich wie bei den klassischen Konfidenzbereichen) über die Forderung des Einhaltens eines Konfidenzniveaus zu bestimmen. Plausibel ist sofort die Forderung, k so groß zu wählen, dass gerade noch gilt:

$$P^{\theta \big| X=x}(C(x)) \geq 1 - \alpha \qquad (3.9)$$

mit einem gegebenen, kleinen $\alpha \in (0,1)$. Den Konfidenzbereich (3.8) mit Forderung (3.9) kann man dann naheliegenderweise α-**gläubigen Bayes-Konfidenzbereich** nennen. Dazu ein Beispiel.

Beispiel 3.5:

Gegeben sei das Setup aus Beispiel 2.12. Man hat dann für $\mu \in \mathbb{R}$:

$$f^{\theta \big| X=x}(\mu) = \frac{1}{\sqrt{2\pi}\sigma_*} \cdot \exp\left(-\frac{(\mu - \mu_*)^2}{2\sigma_*} \right) \qquad (3.10)$$

mit dem μ_*, σ_*^2 in Beispiel 2.12.

Die Bedingung in (3.8):

$$f^{\theta \big| X=x}(\mu) \geq k$$

ist mit (3.10) umformulierbar zu:

$$\mu \in [\mu_* - \kappa(x) \cdot \sigma_*, \; \mu_* + \kappa(x) \cdot \sigma_*] \qquad (3.11)$$

mit einem passenden, möglichst kleinen $\kappa(x)$. Setzt man die rechte Seite von (3.11) in (3.9) ein, so folgt für das minimale $\kappa(x)$:

$$\kappa(x) = \Phi^{-1}(1 - \alpha/2) =: u_{\alpha/2}.$$

Das α-glaubwürdige Bayes-Konfidenzintervall für μ ist also:

$$C(x) = [\mu_* - u_{\alpha/2} \cdot \sigma_*, \; \mu_* + u_{\alpha/2} \cdot \sigma_*]$$

$\square$

3.4 Schlussbemerkungen

Der Leser mag sich zunächst darüber sehr verwundern, dass im Kontext von Beispiel 3.4 bei der einpunktigen Hypothese $H : \mu = \mu_0$ das Paradoxon, dass für den Bayes-Test $\varphi_* \equiv 1$ gilt, auftritt. Dieses Paradoxon erscheint allerdings sofort als logisch richtig, da wegen $P^{\theta|X=x}(\{\vartheta_0\}) = P^\theta(\{\vartheta_0\}) = 0$, die Hypothese f.s. nicht vorkommen kann. Dieses Beispiel zeigt, dass die Bayessche Testtheorie gewisse Haken hat. Der praktisch-arbeitende Statistiker wird sehr wahrscheinlich diesen Bayes-Tests die klassischen α-Niveau-Tests vorziehen. Bezüglich weiterer Informationen zur Bayes-Testtheorie siehe Abschnitt 4.3.3 in Berger (1985) bzw. Kapitel 5 in Robert (1994). Im letzteren Werk wird übrigens das $C(x)$ in (3.8) als "HPD α-credible region" bezeichnet, wobei HPD steht für "highest posterior density".

Kapitel 4   Bayes-Schätzheorie

4.1   Optimaler Schätzer

Wie im Abschnitt 3.1 werde wieder das Bayes-statistische Entschei-
dungsmodell

$$((\Theta, \mathcal{C}, \tau), (A, \mathcal{A}), L, X, \mathcal{P})$$

aus Abschnitt 1.3 mit Stichprobe

$$X \colon (\Omega, \mathcal{A}, P) \to (\mathcal{X}, \mathcal{B})$$

und Verteilungsklasse:

$$\mathcal{P} = \{P_\vartheta^X, \, \vartheta \in \Theta\}$$

von Verteilungen von X gegeben Parameter ϑ betrachtet. Der Parameter ϑ wird wieder als Realisation einer Zufallsvariable

$$\theta \colon (\Omega, \mathcal{A}, P) \to (\Theta, \mathcal{C})$$

interpretiert. Die Verteilung von θ ist die a-priori-Verteilung τ. Die
Verteilungen in $\mathcal{P}$ sind formal definiert gemäß:

$$P_\vartheta^X = P^{X|\theta=\vartheta}.$$

Speziell sei im Folgenden:

$$\mathcal{X} = \mathbb{R}^n, \, \mathcal{B} = \mathbb{B}^n$$
$$\Theta \in \mathbb{B}^l, \, \mathcal{C} = \Theta \cap \mathbb{B}^l.$$

Als Entscheidungsproblem wird in diesem Kapitel betrachtet das sogenannte **Schätzproblem**. Dazu sei ein Funktional:

$$\gamma\colon (\Theta, \mathcal{C}) \to (\mathbb{R}, \mathbb{B})$$

gegeben. Gesucht ist eine Bayes-Regel, genannt dann Bayes-Schätzer,
die nach Beobachtung von $X = x$ einen optimalen "Schätzwert" für das
unbekannte $\gamma(\vartheta)$ liefert. Bekannt ist aus der Grundausbildung in der
Mathematischen Statistik die folgende Definition.

Definition 4.1:

Eine messbare Abbildung $T\colon (\mathcal{X}, \mathcal{B}) \to (\mathbb{R}, \mathbb{B})$ heißt **Schätzer** für
$\gamma(\vartheta)$. Der Wert $T(x)$ ist der **Schätzwert** von $\gamma(\vartheta)$ bei Beobachtung x
von X.

Ein Schätzer T ist offensichtlich eine nichtrandomisierte Entscheidungsregel im Sinne von Definition 1.3a). Man hat speziell dabei

$$A = \mathbb{R},\ \mathcal{A} = \mathbb{B}.$$

Die zum Schätzer korrespondierende Entscheidungsregel δ ist gegeben
gemäß:

$$\delta(x, B) = 1_B(T(x)). \tag{4.1}$$

Statt δ wird nun immer direkt von T geredet. Das Bayes-Risiko $r(\tau, \delta)$
von δ wird also als das **Bayes-Risiko** $r(\tau, T)$ **vom Schätzer** T bezeichnet. Es ist allgemein gemäß Definition 1.15:

$$r(T) := r(\tau, T)(:= r(\tau, \delta))$$
$$:= \int \mathcal{R}(\vartheta, T)\tau(d\vartheta)$$

mit der Risikofunktion (vgl. Def. 1.5 und beachte dabei (4.1)):

$$\mathcal{R}(\vartheta, T) = \int L(\vartheta, T(x)) P_\vartheta^X(dx)$$

$$=: E_\vartheta(L(\vartheta, T(X))),$$

wobei L die Verlust-Funktion:

$$L \colon (\Theta \times \mathcal{A}, \mathcal{C} \otimes \mathcal{A}) \to ([0, \infty], [0, \infty] \cap \bar{\mathbb{B}})$$

bezeichnet.

Zusammengefasst erhält man für das Bayes-Risiko des Schätzers T:

$$r(\tau) = \int E_\vartheta(L(\vartheta, T(X))) P^\theta(d\vartheta) \tag{4.2}$$

$$= E(E(L(\theta, T(X)) \mid \theta)),$$

also kurz nach (E.4):

$$r(\tau) = E(L(\theta, T(X))). \tag{4.3}$$

Eine naheliegende Wahl von L ist:

$$L(\vartheta, a) = (\gamma(\vartheta) - a)^2.$$

Dies sei nun grundlegend gewählt, wodurch man gemäß (4.2), (4.3) erhält:

$$r(T) = \int \left(\int (T(x) - \gamma(\vartheta))^2 P_\vartheta^X(dx) \right) P^\theta(d\vartheta) \tag{4.4}$$

$$= E([T(X) - \gamma(\theta)]^2).$$

Dies ist praktisch der mittlere quadratische Schätzfehler des Schätzers T im Bayes-Kontext. Man kommt nun zur folgenden Definition eines optimalen Schätzers.

Definition 4.2:

Im obigen Kontext heißt ein Schätzer T_* ein **Bayes-Schätzer** für $\gamma(\vartheta)$ (zur a-priori-Verteilung τ), wenn gilt:

$$r(T_*) \leq r(T),$$

für jeden anderen Schätzer T für $\gamma(\vartheta)$.

Um elegant Bayes-Schätzer angeben zu können, fordert man grundlegend noch:

$$E((\gamma(\theta))^2) < \infty.$$

Mittels dem Konzept der bedingten Erwartung kann man nun Bayes-Schätzer äußerst elegant angeben.

Satz 4.3:

Im obigen Kontext hat man als Bayes-Schätzer einfach T_* definiert gemäß:

$$
\begin{aligned}
T_*(x) &= E(\gamma(\theta) \mid X = x) \\
&= \int \gamma(\vartheta) P^{\theta \mid X = x}(d\vartheta).
\end{aligned}
\tag{4.5}
$$

Beweis. Man hat wegen (E.4) und (E.2) für jeden anderen Schätzer T:

$$
\begin{aligned}
E\big((T(X) &- T_*(X))(T_*(X) - \gamma(\theta))\big) \\
&= E(E((T(X) - T_*(X))(T_*(X) - \gamma(\theta)) \mid X)) \\
&= E((T(X) - T_*(X)) \cdot E((T_*(X) - \gamma(\theta)) \mid X)).
\end{aligned}
$$

68

Ferner gilt nach (E.4):

$$E(T_*(X) \mid X) = E(\gamma(\theta) \mid X),$$

also insgesamt:

$$E((T(X) - T_*(X))(T_*(X) - \gamma(\theta))) = 0.$$

Hiermit folgt:

$$
\begin{aligned}
E([T(X) - \gamma(\theta)]^2) =& E\left([(T(X) - T_*(X)) + (T_*(X) - \gamma(\theta))]^2\right) \\
=& E([T(X) - T_*(X)]^2) + \\
&+ 2 \cdot E((T(X) - T_*(X))(T_*(X) - \gamma(\theta))) + \\
&+ E([T_*(X) - \gamma(\theta)]^2) \\
=& E([T(X) - T_*(X)]^2) + E([T_*(X) - \gamma(\theta)]^2 \\
\geq& E([T_*(X) - \gamma(\theta)])^2.
\end{aligned}
$$

Insgesamt folgt die Behauptung. $\square$

Es ergibt sich sofort als allgemeiner Sonderfall:

Korollar 4.4:

Gegeben seien die Bedingungen von Satz 2.1. Dann erhält man den Bayes-Schätzer T_* gemäß:

$$T_*(x) = \int \gamma(\vartheta) \cdot f^{\theta \mid X = x}(\vartheta) \, \nu(d\vartheta). \tag{4.6}$$

Beweis. Die Formel ist ein Sonderfall von (4.5). Man setzt dort ein:

$$P^{\theta|X=x}(d\vartheta) = f^{\theta|X=x}(\vartheta)\nu(d\vartheta).$$

$\square$

Besonders bedeutend ist der Fall der **Mittelwertschätzung**. Bei dieser Problemstellung hat man:

$$X = (X_1, \ldots, X_n)$$

mit Zufallsvariablen:

$$X_i \colon (\Omega, \mathcal{A}, P) \to (\mathbb{R}, \mathbb{B}).$$

Man nimmt an, dass $X_1, \ldots, X_n$ i.i.d. gegeben $\theta = \vartheta$ ($\forall \vartheta \in \Theta$) sind (vergleiche hierzu nochmals "(a)" im Satz 2.7). Das Funktional γ ist speziell:

$$\gamma(\vartheta) = E(X_i \mid \theta = \vartheta), \tag{4.7}$$

das ja nicht von i abhängt. Für diesen Sonderfall kann man häufig sehr handliche Formeln für den Bayes-Schätzer angeben. Dazu zusammengefasst die folgenden Ergebnisse:

Beispiel 4.5:

Betrachtet werde das eben genannte Problem der Mittelwertschätzung mit $X = (X_1, \ldots, X_n)$ im gegebenen Bayes-Kontext. Als Bayes-Schätzer für den Mittelwert (4.7) erhält man dann die folgenden Formeln für $x = (x_1, \ldots, x_n)$:

1.) im Fall von Beispiel 2.8:

$$T_*(x) = \frac{\alpha + \sum\limits_{i=1}^{n} x_i}{\alpha + \beta + n}.$$

2.) im Fall von Beispiel 2.9:

$$T_*(x) = \frac{\alpha + \sum\limits_{i=1}^{n} x_i}{\beta + n}.$$

3.) im Fall von Beispiel 2.10

$$T_*(x) = r \cdot \frac{\beta + \sum\limits_{i=1}^{n} x_i}{\alpha + r \cdot n - 1}.$$

4.) im Fall von Beispiel 2.11

$$T_*(x) = \frac{\beta + \sum\limits_{i=1}^{n} x_i}{\alpha + (n - 1)}.$$

5.) im Fall von Beispiel 2.12

$$T_*(x) = \frac{\sigma_0^2 \cdot \nu + \tau^2 \cdot \sum\limits_{i=1}^{n} x_i}{\sigma_0^2 + \tau^2 \cdot n}.$$

Beweise zu den Beispielen.

Zu 1.): Für eine Beta(α, β)-verteilte Zufallsvariable Y gilt:

$$EY = \frac{\alpha}{\alpha + \beta}. \tag{4.8}$$

Für (4.7) gilt im vorliegenden Fall:

$$\gamma(\vartheta) = \vartheta(= p)$$

also nach (4.6):

$$T_*(x) = E(\theta \mid X = x). \tag{4.9}$$

$P^{\theta \mid X=x}$ ist aber nach Beispiel 2.8 die Beta(α_*, β_*)-Verteilung mit den dort definierten α_*, β_*. Nach (4.8) und (4.9) folgt also:

$$T_*(x) = \frac{\alpha_*}{\alpha_* + \beta_*},$$

was nach Einsetzen von α_*, β_* die Formel in Teil 1.) impliziert.

Zu 2.): Für eine Gamma(α, β)-verteilte Zufallsvariable Y gilt:

$$EY = \frac{\alpha}{\beta}. \tag{4.10}$$

Auch hier hat man:

$$\gamma(\vartheta) = \vartheta(= \lambda),$$

also wieder

$$T_*(x) = E(\theta \mid X = x). \tag{4.11}$$

$P^{\theta \mid X=x}$ ist nach Beispiel 2.9 die Gamma(α_*, β_*)-Verteilung mit den dort angegebenen α_*, β_*. Gemäß (4.10) und (4.11) folgt somit:

$$T_*(x) = \frac{\alpha_*}{\beta_*}.$$

Einsetzen der Formeln für α_*, β_* liefert die Behauptung.

Zu 3.): Für eine Beta(α, β)-verteilte Zufallsvariable Y gilt:

$$E(Y^{-1}) = \frac{(\alpha - 1) + \beta}{(\alpha - 1)}. \tag{4.12}$$

Der Mittelwert der NB(r, p)-Verteilung ist mit $\vartheta = p$:

$$\gamma(\vartheta) = r \cdot \left(\vartheta^{-1} - 1 \right),$$

was impliziert:

$$T_*(x) = r \cdot (E\left(\theta^{-1} \mid X = x\right) - 1). \qquad (4.13)$$

$P^{\theta \mid X=x}$ ist aber nach Beispiel 2.10 die Beta(α_*, β_*)-Verteilung mit den dort gegebenen α_*, β_*. Aus (4.12), (4.13) folgt dann:

$$T_*(x) = r \cdot \left(\frac{(\alpha_* - 1) + \beta_*}{(\alpha_* - 1)} - 1\right)$$
$$= r \cdot \frac{\beta_*}{\alpha_* - 1}.$$

Einsetzen der Formeln für α_*, β_* liefert wieder die Behauptung.

Zu 4.) und 5.): Beide Fälle gehen ähnlich wie die bisherigen und seien dem Leser als Übung überlassen.

$\square$

Ferner hat man allgemeiner das folgende Resultat:

Satz 4.6:

Gegeben sei der Kontext von Satz 2.14. Für die Dichte g (gemäß (2.13)) gelte

$$g(b) - g(a) = 0 \qquad (4.14)$$

(für etwa $b = \infty$ sei $g(b) = \lim_{\vartheta \to \infty} g(\vartheta)$).
Als Bayes-Schätzer für den Mittelwert (4.7) hat man dann:

$$T_*(x) = \frac{x_0 + \sum\limits_{i=1}^{n} x_i}{m + n} \qquad (4.15)$$

für die Beobachtung $x = (x_1, \ldots, x_n)$.

Beweis.

a) Üblicherweise befasst man sich im ersten Kurs zur Mathematischen Statistik näher mit den einparametrischen Exponentialfamilien in c und T. Für natürliche Exponentialfamilien beweist man dort u.a., dass $C(\vartheta)$ differenzierbar für $\vartheta \in \Theta = (a, b)(\subset \mathbb{R})$ ist und dass gilt:

$$E_\vartheta T := \int T(x_i) P_\vartheta^{X_i}(dx_i)$$
$$= -\frac{C'(\vartheta)}{C(\vartheta)}.$$

Im Kontext von Satz 4.6 ist $T(x_i) = -x_i$, d.h. man hat speziell:

$$E_\vartheta X_i := \int x_i \cdot f_\vartheta^{X_i}(x_i) dx_i$$
$$= \frac{C'(\vartheta)}{C(\vartheta)}. \tag{4.15b}$$

b) Differenziert man g (gegeben gemäß (2.13)), so erhält man wegen (4.15b):

$$\frac{dg(\vartheta)}{d\vartheta} = g(\vartheta) \cdot \left[m \cdot \frac{C'(\vartheta)}{C(\vartheta)} - x_0\right]$$
$$= g(\vartheta) \cdot [m \cdot \gamma(\vartheta) - x_0],$$

da $\gamma(\vartheta) = E_\vartheta X_i$ ist. Integriert man über diese Differentialgleichung, so erhält man mit (4.14):

$$0 = g(b) - g(a) = \int_a^b g(\vartheta)[m \cdot \gamma(\vartheta) - x_0] d\vartheta$$
$$= m \cdot \int_a^b \gamma(\vartheta)g(\vartheta)d\vartheta - x_0,$$

also umgeschrieben:

$$\int_a^b \gamma(\vartheta) \cdot g(\vartheta)d\vartheta = \frac{x_0}{m}. \tag{4.16}$$

Dieses Integral liefert nach Korollar 4.4 den Bayes-Schätzer T_*, wenn man g durch $f^{\theta}\big|X=x$ ersetzt. Diese a-posteriori-Dichte ist aber von der Struktur von g mit m ersetzt durch $n+m$ und x_0 ersetzt durch $x_0 + \sum_{i=1}^{n} x_i$. Mit dieser Ersetzung liefert die rechte Seite von (4.16) die Formel (4.15).

$\square$

4.2 Linearer Schätzer

In den Sätzen 4.4 und 4.6 ist der Bayes-Schätzer linear in den x_i, $i = 1, \ldots, n$ der Beobachtung $x = (x_1, \ldots, x_n)$. Dies ist bei komplizierteren Situationen i.A. natürlich nicht mehr der Fall. I.A. ist die Sachlage noch problematischer, denn man kann oft die Formel (4.6) nicht mehr analytisch auswerten. Letzteres führte zur Entwicklung eines neuen guten Schätzers, dem sogenannten linearen Bayes-Schätzer, der wesentlich einfacher als der optimale Bayes-Schätzer handhabbar ist.

Zur Definition dieses sogenannten linearen Bayes-Schätzers wird natürlich wieder vom Bayes-Kontext des Abschnitts 4.1 ausgegangen, allerdings spezieller mit der Stichprobe:

$$X = (X_1, \ldots, X_n) \tag{4.17}$$

mit Zufallsvariablen:

$$X_i \colon (\Omega, \mathcal{A}, P) \to (\mathbb{R}, \mathbb{B}).$$

Man kann nun einfach den linearen Bayes-Schätzer definieren gemäß:

Definition 4.7:

Für das Bayessche Schätzproblem aus Abschnitt 4.1 mit speziell (4.17) definiert man den **linearen Bayes-Schätzer** für $\gamma(\vartheta)$ als

$$\hat{T}(X) = a_0 + \sum_{i=1}^{n} a_i \cdot X_i, \qquad (4.18)$$

mit $a_0, a_1, \ldots, a_n \in \mathbb{R}$ derart, dass für jeden anderen Schätzer T der Struktur:

$$T(X) = \alpha_0 + \sum_{i=1}^{n} \alpha_i \cdot X_i$$

(mit $\alpha_0, \alpha_1 \ldots, \alpha_n \in \mathbb{R}$) gilt:

$$r(\hat{T}) \leq r(T).$$

Man erhält dazu als wesentlichen Satz:

Satz 4.8:

Die Konstanten $a_0, a_1, \ldots, a_n \in \mathbb{R}$ des linearen Bayes-Schätzers $\hat{T}$ (gemäß (4.18)) sind bestimmt wie folgt:

a) $a_1, \ldots, a_n$ sind die Lösungen von:

$$\sum_{j=1}^{n} \text{Cov}(X_j, X_i) \cdot a_j = \text{Cov}(\gamma(\theta), X_i), \ i = 1, \ldots, n. \qquad (4.19)$$

b) mit den Lösungen $a_1, \ldots, a_n$ aus a) ergibt sich a_0 über die Formel:

$$a_0 = E(\gamma(\theta)) - \sum_{j=1}^{n} a_j \cdot E(X_j). \qquad (4.20)$$

Beweis. Zur Bestimmung von $a_0, \ldots, a_n$ muss man lediglich:

$$r(\hat{T}) = E\left(\left[a_0 + \sum_{j=1}^{n} a_j \cdot X_j - \gamma(\theta) \right]^2 \right)$$

in $a_0, a_1, \ldots, a_n$ minimieren. Dazu differenziert man dieses $r(\hat{T})$ nach $a_0, a_1, \ldots, a_n$ und setzt die Ableitungen gleich Null. Differentiation nach a_0 und Nullsetzen liefert sofort die Gleichung (4.20). Differentiation nach etwa a_i und Nullsetzen ergibt:

$$a_0 \cdot EX_i + \sum_{j=1}^{n} a_j \cdot E(X_j \cdot X_i) = E(\gamma(\theta) \cdot X_i).$$

Setzt man für a_0 die Formel (4.20) ein, so erhält man nach kleiner Umformung das System (4.19). $\square$

Ferner ist von großer Bedeutung:

Satz 4.9:

Erfüllt $\hat{T}$ mit Struktur (4.18) die Bedingungen:

$$E(\hat{T}) = E(\gamma(\theta)) \qquad (4.21)$$

$$\mathrm{Cov}(\hat{T}, X_i) = \mathrm{Cov}(\gamma(\theta), X_i), \ i = 1, \ldots, n, \qquad (4.22)$$

so ist $\hat{T}$ der lineare Bayes-Schätzer für $\gamma(\vartheta)$.

Beweis. Man setzt die Formel (4.18) in (4.21) ein. Dies liefert (4.20). Dann setzt man (4.18) in (4.22) ein. Dies liefert (4.19). $\square$

Offensichtlich ist die Berechnung dieses linearen Bayes-Schätzers besonders einfach:

Man muss einfach die $a_1, \ldots, a_n$ aus den sogenannten **Normalgleichungen** (4.19) bestimmen, dann a_0 aus (4.20) und alles in (4.18) einsetzen.

Verwunderlicherweise taucht in (4.19) auf der linken Seite der Normalgleichung nirgends der Parameter θ auf. Nun, es ist so:
In $\mathrm{Var}(X_i) = \mathrm{Cov}(X_i, X_i)$ und $\mathrm{Cov}(X_j, X_i)$ $(i \neq j)$ steckt implizit auch der Parameter θ, wie das folgende Lemma zeigt.

Lemma 4.10:

Gegeben seien Zufallsvariable $X_1, \ldots, X_n$ mit:

$$X_i \colon (\Omega, \mathcal{A}, P) \to (\mathbb{R}, \mathbb{B})$$

und die Zufallsvariable θ mit

$$\theta \colon (\Omega, \mathcal{A}, P) \to (\mathbb{R}^l, \mathbb{B}^l).$$

Man hat dann:

a) Allgemein gilt:

$$\mathrm{Var}(X_i) = E(\mathrm{Var}(X_i \mid \theta)) + \mathrm{Var}(\mu_i(\theta))$$

$$\mathrm{Var}(\mu_i(\theta)) = \mathrm{Cov}(\mu_i(\theta), X_i)$$

für:

$$\mu_i(\theta) = E(X_i \mid \theta),$$

$$\mathrm{Var}(X_i \mid \theta) = E\big((X_i - E(X_i \mid \theta))^2 \mid \theta\big).$$

b) Falls $X_1, \ldots, X_n$ stochastisch unabhängig, gegeben $\theta = \vartheta$ $(\forall \vartheta)$, sind, d.h. es gilt

$$P^{(X_1,\ldots,X_n)}\big|_{\theta=\vartheta} = \bigotimes_{i=1}^{n} P^{X_i}\big|_{\theta=\vartheta}$$

für alle $\vartheta \in \Theta$, für $i \neq j$, so hat man:

$$\mathrm{Cov}(X_i, X_j) = \mathrm{Cov}(X_i, \mu_j(\theta))$$
$$= \mathrm{Cov}(\mu_i(\theta), \mu_j(\theta))$$

mit $\mu_i(\theta), \mu_j(\theta)$ definiert wie in Teil a).

Beweis. Es sei im Folgenden $\nu_i = E(X_i)$.

Zu a): Man erhält mit (E.4) und (E.3):

$$E\big((X_i - \mu_i(\theta))(\mu_i(\theta) - \nu_i)\big) = E\big(E((X_i - \mu_i(\theta))(\mu_i(\theta) - \nu_i) \mid \theta)\big)$$
$$= E\left((\mu_i(\theta) - \nu_i) \cdot E\big((X - \mu_i(\theta)) \mid \theta\big)\right).$$

Letzteres ist aber gleich Null, da:

$$E\big((X - \mu_i(\theta)) \mid \theta\big) = E(X_i \mid \theta) - \mu_i(\theta) = 0.$$

Man hat also:

$$E\left((X_i - \mu_i(\theta))(\mu_i(\theta) - \nu_i)\right) = 0.$$

Damit folgt:

$$
\begin{aligned}
\operatorname{Var}(X_i) &= E(X_i - \nu_i)^2 \\
&= E\big((X_i - \mu_i(\theta)) + (\mu_i(\theta) - \nu_i))^2\big) \\
&= E(X_i - \mu_i(\theta))^2 + \\
&\quad + E((\mu_i(\theta) - \nu_i)^2 + 2 \cdot E\big((X_i - \mu_i(\theta))(\mu_i(\theta) - \nu_i)\big) \\
&= E\left(E((X_i - \mu_i(\theta))^2 \mid \theta)\right) + E\left(\big(\mu_i(\theta) - E(\mu_i(\theta))\big)^2\right) \\
&= E\big(\operatorname{Var}(X_i \mid \theta)\big) + \operatorname{Var}\big(\mu_i(\theta)\big).
\end{aligned}
$$

Ferner erhält man mit (E.4):

$$
\begin{aligned}
\operatorname{Cov}(\mu_i(\theta), X_i) &= E\big((\mu_i(\theta) - \nu_i)(X_i - \nu_i)\big) \\
&= E\big(E\big((\mu_i(\theta) - \nu_i)(X_i - \nu_i) \mid \theta\big)\big) \\
&= E\big((\mu_i(\theta) - \nu_i) \cdot E\big((X_i - \nu_i) \mid \theta\big)\big) \\
&= E\big((\mu_i(\theta) - \nu_i)^2\big) \\
&= \operatorname{Var}(\mu_i(\theta)),
\end{aligned}
$$

wegen:

$$
E\big((X_i - \nu_i) \mid \theta\big) = \mu_i(\theta) - \nu_i.
$$

Zu b): Es ergibt sich wieder mit (E.4):

$$
\begin{aligned}
\operatorname{Cov}(X_i, X_j) &= E\big((X_i - \nu_i)(X_j - \nu_j)\big) \\
&= E\big(E((X_i - \nu_i)(X_j - \nu_j) \mid \theta)\big) \\
&= E\big(E\big(X_i - \nu_i \mid \theta\big) \cdot E\big(X_j - \nu_j \mid \theta\big)\big) \\
&= E\big((\mu_i(\theta) - \nu_i)(\mu_j(\theta) - \nu_j)\big) \\
&= \operatorname{Cov}\big(\mu_i(\theta), \mu_j(\theta)\big).
\end{aligned}
$$

Ferner hat man:

$$
\begin{aligned}
\mathrm{Cov}(X_i, \mu_j(\theta)) &= E\big((X_i - \nu_i)(\mu_j(\theta) - \nu_j)\big) \\
&= E\big(E((X_i - \nu_i)(\mu_j(\theta) - \nu_j) \mid \theta)\big) \\
&= E\left(\big(\mu_j(\theta) - \nu_j\big) \cdot E\big(X_i - \nu_i \mid \theta\big)\right) \\
&= E\left(\big(\mu_j(\theta) - \nu_j\big)\big(\mu_i(\theta) - \nu_i\big)\right) \\
&= \mathrm{Cov}\big(\mu_i(\theta), \mu_j(\theta)\big).
\end{aligned}
$$

$\square$

Abschließend noch ein prominentes Beispiel.

Beispiel 4.11:

Es sei wieder $X = (X_1, \ldots, X_n)$ mit:

$$
X_1, \ldots, X_n \text{ i.i.d gegeben } \theta = \vartheta \; (\forall \vartheta)
$$

(vergleiche dazu nochmals (a) in Satz 2.7).

Die Zufallsvariable $\theta \colon (\Omega, \mathcal{A}, P) \to (\mathbb{R}^l, \mathbb{B}^l)$ liefere als Realisation wieder den Parameter ϑ (gemäß der a-priori-Verteilung $P^\theta = \tau$). Betrachtet werde das Mittelwertschätzproblem, d.h. man hat:

$$
\gamma(\vartheta) = E(X_i \mid \theta = \vartheta).
$$

Als linearen Bayes-Schätzer für $\gamma(\vartheta)$ erhält man:

$$
\hat{T} = k_n \cdot \bar{X}_\bullet + (1 - k_n) \cdot \mu \tag{4.23}
$$

mit

$$\mu = E(\gamma(\theta)) \,(= E(X_i))$$

$$\bar{X}_\bullet = \frac{1}{n} \cdot \sum_{i=1}^{n} X_i$$

$$k_n = \frac{na}{n \cdot a + \varphi}$$

wobei:

$$a = \text{Var}(\gamma(\theta))$$

$$\varphi = E(\text{Var}(X_i \mid \theta)).$$

Zum Beweis dieses Resultats sind einfach (4.21) und (4.22) des Satzes 4.9 nachzurechnen.

Zunächst zu (4.21):

Offensichtlich hat man nach (4.23):

$$E(\hat{T}) = k_n \cdot \mu + (1 - k_n) \cdot \mu = \mu = E(\gamma(\theta)).$$

Dann zu (4.22):

Nach Lemma 4.10 ergibt sich:

$$\text{Var}(X_i) = \varphi + a$$

$$\text{Cov}(X_i, X_j) = \text{Cov}(\gamma(\theta), \gamma(\theta))$$

$$= \text{Var}(\gamma(\theta)) = a, \, \forall i \neq j.$$

Damit erhält man mit (4.23):

$$\mathrm{Cov}(\hat{T}, X_i) = k_n \cdot \frac{1}{n} \cdot \sum_{j=1}^{n} \mathrm{Cov}(X_j, X_i)$$

$$= k_n \cdot \frac{n \cdot a + \varphi}{n} = a =$$

$$= \mathrm{Cov}(\gamma(\theta), \gamma(\theta)) = \mathrm{Cov}(\gamma(\theta), X_i).$$

Spezieller unter den Bedingungen der Normalität des Beispiels 2.12 hat man:

$$\mu = \nu, \quad a = \tau^2, \quad \varphi = \sigma_0^2.$$

Damit geht die Formel (4.23) über in die Formel von μ_* im Beispiel 2.12. $\qquad\square$

4.3   Regressionsschätzer

Betrachtet werde wieder der Kontext des Bayes-Schätzproblems der vorherigen Abschnitte. Speziell habe man die Stichprobe $X = (X_1, \ldots, X_n)$ mit:

$$X_i \colon (\Omega, \mathcal{A}, P) \to (\mathbb{R}, \mathbb{B})$$

und die Zufallsvariable θ des Parameters ϑ:

$$\theta \colon (\Omega, \mathcal{A}, P) \to (\mathbb{R}^l, \mathbb{B}^l)$$

mit $P^\theta = \tau$. Angenommen werde die Struktur eines sogenannten **Regressionsmodells**, d.h. man hat für:

$$E(X \mid \theta) := (E(X_1 \mid \theta), \ldots, E(X_n \mid \theta))^T$$

das lineare Modell:

$$E(X \mid \theta) = Y \cdot b(\theta)$$

mit einem Vektor $b(\theta) = (b_1(\theta), \dots, b_q(\theta))^T$ von Abbildungen:

$$b_i \colon (\mathbb{R}^l, \mathbb{B}^l) \to (\mathbb{R}, \mathbb{B}),$$

der nicht beobachtbar ist, und einer gegebenen $(n \times q)$-dimensionalen Matrix Y. Es sei:

$$\beta = E(b(\theta))$$

existent und ferner die Matrizen:

$$\Lambda = \text{Cov}(b(\theta)), \quad \Phi = E(\text{Cov}(X \mid \theta)),$$

mit der Konvention:

$$\text{Cov}(X \mid \theta) = E\left(\left(X - E(X \mid \theta) \right) \left(X - E(X \mid \theta) \right)^T \mid \theta \right).$$

Dabei ist der Erwartungswert eines Zufallsvektors $Y = (Y_1, \dots, Y_n)^T$ definiert gemäß:

$$E(Y) = (E(Y_1), \dots, E(Y_n))^T$$

und die Kovarianz(matrix) gemäß:

$$\text{Cov}(Y) = E\big((Y - E(Y))(Y - E(Y))^T \big). \qquad (4.24)$$

Ferner ist der Erwartungswert einer Zufallsmatrix $M = (M_{ij})$ definiert gemäß:

$$E(M) = (E(M_{ij}))_{ij}.$$

Gegeben sei nun ein Vektor $k \in \mathbb{R}^q$, womit das zu schätzende Funktional γ gegeben sei gemäß:

$$\gamma(\vartheta) = k^T \cdot b(\theta).$$

Gesucht ist ein optimaler Schätzer für $\gamma(\vartheta)$. Gemäß den Ausführungen im vorigen Abschnitt ist es naheliegend, einen **linearen** Bayes-Schätzer anzugeben.

Zunächst ein Hilfsmittel, das Lemma 4.10 a) teilweise verallgemeinert.

Lemma 4.12:

Unter den obigen Annahmen gilt für

$$\mathrm{Cov}(X) = E\big((X - Y\beta)(X - Y\beta)^T\big) \qquad (4.25)$$

die Gleichheit:

$$\mathrm{Cov}(X) = \Phi + Y\Lambda Y^T. \qquad (4.26)$$

Beweis. Die Formel (4.26) ist im Einklang mit (4.24), denn es gilt:

$$E(X) = E(Y \cdot b(\theta)) = Y \cdot E(b(\theta)) = Y \cdot \beta.$$

Man erhält nun:

$$
\begin{aligned}
\mathrm{Cov}(X) =& E\big([(X - Yb(\theta)) + Y(b(\theta) - \beta)] \\
& \cdot [(X - Yb(\theta)) + Y(b(\theta) - \beta)]^T\big) \\
=& E((X - Y(\theta))(X - Yb(\theta))^T) \\
& + Y E((b(\theta) - \beta)(b(\theta) - \beta)^T) \cdot Y^T \\
& + E((X - Yb(\theta))(b(\theta) - \beta)^T) \cdot Y^T \\
& + Y E((b(\theta) - \beta)(X - Yb(\theta))^T).
\end{aligned}
\qquad (4.27)
$$

85

Dabei hat man:

$$E\big((X - Yb(\theta))(X - Yb(\theta))^T\big) = E\big(E\big((X - Yb(\theta))(X - Yb(\theta))^T \mid \theta\big)\big)$$

$$= E(\mathrm{Cov}(X \mid \theta)) = \Phi$$

$$E\big((b(\theta) - \beta)(b(\theta) - \beta)^T\big) = \mathrm{Cov}(b(\theta)) = \Lambda$$

$$E\big((X - Yb(\theta))(b(\theta) - \beta)^T\big) = E\big(E\big(X - Yb(\theta) \mid \theta\big) \cdot (b(\theta) - \beta)^T\big)$$

$$= 0,$$

$$\text{da } E(X - Yb(\theta) \mid \theta) = E(X \mid \theta) - Yb(\theta) = 0,$$

und analog zum letzten Fall:

$$E\big((b(\theta) - \beta)(X - Yb(\theta))^T\big) = 0.$$

Einsetzen dieser Ergebnisse in (4.27) ergibt die Behauptung. $\quad\square$

Mit diesem Hilfsmittel kann man die folgende Formel für den linearen Bayes-Schätzer für $\gamma(\vartheta)$ beweisen.

Satz 4.13:

Unter dem oben angegebenen Modell gilt für den linearen Bayes-Schätzer für $\gamma(\vartheta) = k^T \cdot b(\vartheta)$ die Formel:

$$\hat{T} = k^T \cdot [Z \cdot \hat{b} + (I - Z) \cdot \beta] \tag{4.28}$$

mit der $(q \times q)$-Einheitsmatrix I und:

$$\hat{b} = (Y^T \Phi^{-1} Y)^{-1} Y^T \Phi^{-1} X$$

$$Z = \Lambda(Y^T \Phi^{-1} Y)(I + \Lambda Y^T \Phi^{-1} Y)^{-1},$$

wobei die Existenz aller Inversen vorausgesetzt sei.

Beweis.

a) Zunächst ist (4.21) nachzuweisen:

Man hat:

$$E(\hat{b}) = (Y^T \Phi^{-1} Y)^{-1} Y^T \Phi^{-1} E(X)$$
$$= (Y^T \Phi^{-1} Y)^{-1} Y^T \Phi^{-1} Y \beta = \beta,$$

also mit (4.28):

$$E(\hat{T}) = k^T [Z \cdot \beta + (I - Z) \cdot \beta]$$
$$= k^T \beta = k^T E(b(\theta)) = E(\gamma(\theta)).$$

b) Es verbleibt der Nachweis von (4.22), was in Kurzschreibweise bedeutet:

$$\text{Cov}(\hat{T}, X) = \text{Cov}(\gamma(\theta), X) \qquad (4.29)$$

mit der Konvention:

$$\text{Cov}(Y, Z) = E\big((Y - EY)(Z - EZ)^T\big)$$

(für eine reelle Zufallsvariable Y und einem reellen Zufallsvektor Z).

Man hat nun nach (4.28):

$$\text{Cov}(\hat{T}, X) = k^T \cdot Z \cdot \text{Cov}(\hat{b}, X)$$

87

und direkt:

$$\begin{aligned}
\operatorname{Cov}(\gamma(\theta), X) &= E\big(\big(\gamma(\theta) - E(\gamma(\theta))\big)(X - E(X))^T\big) \\
&= E\big(E\big(\big(\gamma(\theta) - E(\gamma(\theta))\big)(X - E(X))^T \mid \theta\big)\big) \\
&= E\big(\big(\gamma(\theta) - E(\gamma(\theta))\big)E\big((X - E(X))^T \mid \theta\big) \\
&= E\big(\big(\gamma(\theta) - k^T\beta\big)\big(E(X \mid \theta) - E(X)\big)^T\big) \\
&= E\big(k^T(b(\theta) - \beta)(Y(b(\theta) - \beta))^T\big) \\
&= k^T E\big((b(\theta) - \beta)(b(\theta) - \beta)^T\big) \cdot Y^T \\
&= k^T \cdot \Lambda \cdot Y^T.
\end{aligned}$$

Zum Nachweis von (4.29) genügt es somit zu zeigen, dass gilt:

$$Z \cdot \operatorname{Cov}(\hat{b}, X) = \Lambda Y^T \qquad (4.30)$$

Mit der Matrix $M := (Y^T\Phi^{-1}Y)^{-1}Y^T\Phi^{-1}$ hat man:

$$\hat{b} = M \cdot X,$$

also mit (4.26):

$$\operatorname{Cov}(\hat{b}, X) = M \cdot \operatorname{Cov}(X) = M \cdot (\Phi + Y\Lambda Y^T).$$

Die Gleichung (4.30) ist also bewiesen, wenn gezeigt ist, dass gilt:

$$Z \cdot M \cdot (\Phi + Y\Lambda Y^T) = \Lambda Y^T. \qquad (4.31)$$

Zum Nachweis dessen geht man aus von der korrekten Aussage:

$$(I + \Lambda B)\Lambda Y^T = (I + \Lambda B)\Lambda Y^T$$

mit der Wahl $B := Y^T\Phi^{-1}Y$.

Diese Gleichung ist identisch mit:

$$\Lambda Y^T\Phi^{-1}(\Phi + Y\Lambda Y^T) = (I + \Lambda B)\Lambda Y^T.$$

Man multipliziert diese von links mit $(I + \Lambda B)^{-1}$, was liefert:

$$(I + \Lambda B)^{-1}\Lambda(BB^{-1})Y^T\Phi^{-1}(\Phi + Y\Lambda Y^T) = \Lambda Y^T.$$

Setzt man $C = \Lambda B$ und verwendet die Rechenregel:

$$(I + C)^{-1}C = C(I + C)^{-1},$$

so erhält man:

$$\Lambda B(I + \Lambda B)^{-1}B^{-1}Y^T\Phi^{-1}(\Phi + Y\Lambda Y^T) = \Lambda Y^T.$$

Hierbei hat man:

$$\Lambda B(I + \Lambda B)^{-1} = Z \quad \text{und} \quad B^{-1}Y^T\Phi^{-1} = M,$$

sodass (4.31) bewiesen ist.

$\square$

Es ist klar, dass das Ergebnis von Satz 4.13 sehr bedeutend ist. Zur Illustration noch ein Beispiel.

Beispiel 4.14:

Wählt man als Y die Matrix mit i-ter Zeile:

$$Y_{(i)} = (1, i, i^2, \ldots, i^{q-1})$$

mit $q \geq 2$, d.h. hat man:

$$E(X_i \mid \theta) = b_1(\theta) + \sum_{j=2}^{q} b_j(\theta) \cdot i^{j-1},$$

so bezeichnet man das Regressionsmodell als **polynomiale Regression**. Besonders bedeutend ist der Sonderfall $q = 2$, d.h. man hat

$$E(X_i \mid \theta) = b_1(\theta) + b_2(\theta) \cdot i.$$

Diesen Sonderfall nennt man üblicherweise **Lineares Trendmodell**. Ist hier spezieller:

$$\Phi = \varphi \cdot I_{(n)}$$

mit $(n \times n)$-Einheitsmatrix $I_{(n)}$ und einem $\varphi \in (0, \infty)$, so vereinfachen sich die Berechnungen von $\hat{b}$ und Z deutlich. □

4.4 Schlussbemerkungen

Die Herleitung der Ergebnisse über den allgemeinen Bayes-Schätzer und den allgemeinen linearen Bayes-Schätzer (s. Satz 4.3, Satz 4.8 und Satz 4.9) kann auch aufwändiger über das Konzept der Projektion im Hilbertraum L_2 erfolgen. Diesen Weg hat der Autor in seinem Buch "Applied Risk Theory" (s. Kremer (1999)) gewählt. Im vorliegenden Text hat er sich bewusst für den schnelleren, direkten Weg entschieden. Wenn der Leser in das genannte Werk des Autors zur Risikotheorie hineinschaut, so erkennt er schnell, dass die dortigen sogenannten Credibility-Schätzer und linearen Credibility-Schätzer formal gesehen nichts anderes sind als die obigen Bayes- und empirischen Bayes-Schätzer, angewandt auf den Spezialfall der Schätzung von Mittelwerten, die im Kontext der Risikotheorie die Nettoprämien von Versicherungsrisiken sind.

Das Ergebnis vom Abschnitt 4.3 findet sich so ähnlich ebenfalls im genannten Buch zur Risikotheorie des Autors wieder. Der lineare Bayes-Schätzer von Satz 4.13 ist dort der sogenannte Regressions-Credibility-Schätzer der Nettoprämie $\gamma(\vartheta) = k^T \cdot b(\theta)$. Der einfache lineare Bayes-Schätzer (4.23) ist ebenfalls in ähnlicher Form in diesem Risikotheorie-Buch enthalten. Er wurde früher auch von dem Risikotheoretiker Bühlmann als sogenannter Credibility-Schätzer hergeleitet.

Kapitel 5   Bayes-Vorhersagetheorie

5.1   Optimale Vorhersage

Beim **klassischen Vorhersageproblem** hat man einen reellwertigen, stochastischen Prozess mit diskreter Zeit, d.h. eine Familie von reellwertigen Zufallsvariablen, alle auf $(\Omega, \mathcal{A}, P)$, bezeichnet mit

$$(X_i, \ i \in \mathbb{N}).$$

Der Index i bezeichnet üblicherweise die Nummer einer Periode. Zusätzlich hat man noch eine Familie $(\gamma_i, \ i \in \mathbb{N})$ von Funktionalen:

$$\gamma_i \colon (\mathbb{R}, \mathbb{B}) \to (\mathbb{R}^l, \mathbb{B}^l).$$

Das Problem besteht darin, das zukünftige, unbekannte $\gamma_{n+1}(X_{n+1})$ irgendwie optimal aus den Vergangenheitswerten $X_1, \ldots, X_n$ vorherzusagen.

Beim **Bayesschen Vorhersageproblem** kommt noch hinzu eine mit $i \in \mathbb{N}$ indizierte Folge von Zufallsvariablen

$$\theta_i \colon (\Omega, \mathcal{A}, P) \to (\Theta, \mathcal{C}) \ (\subset (\mathbb{R}^l, \mathbb{B}^l)).$$

Die Realisation ϑ_i von θ_i gibt dann den Parameter der Verteilung $P_{\vartheta_i}^{X_i}$ von X_i in der Periode i an. Die Verteilung $\tau_i = P^{\theta_i}$ ist dann die a-priori-Verteilung des Parameters ϑ_i in der Periode i. Offensichtlich hat man:

$$P_{\vartheta_i}^{X_i} = P^{X_i}\big|_{\theta_i = \vartheta_i}.$$

In der Familie $(\gamma_i, \ i \in \mathbb{N})$ kann man nun die γ_i definieren auf $\Theta \in \mathbb{B}^l$, d.h. man möchte nun das unbekannte

$$\gamma_{n+1}(\theta_{n+1})$$

irgendwie aus den bekannten $X_1, \ldots, X_n$ vorhersagen. Als praktisch erweist es sich, wieder (in Analogie zu Abschnitt 4.2) affin-lineare Vorhersagen

$$\hat{\gamma}_{n+1} = a_0 + \sum_{i=1}^{n} a_i \cdot X_i \qquad (5.1)$$

mit reellen Konstanten $a_i, i = 0, \ldots, n$ zu betrachten. Die Angabe einer (optimalen) Bayes-Vorhersage $\hat{\gamma}_{n+1}$ kann direkt durch Übertragung der Überlegungen des Abschnitts 4.2 erfolgen (vergleiche Definition 4.2).

Definition 5.1:

Im obigen Kontext des Bayes-Vorhersageproblems nennt man ein $\hat{\gamma}_{n+1}$ gemäß (5.1) (lineare) **Bayes-Vorhersage** von $\gamma_{n+1}(\theta_{n+1})$, wenn gilt:

$$r(\hat{\gamma}_{n+1}) \leq r(\gamma_{n+1})$$

für jede andere affin-lineare Vorhersage

$$\gamma_{n+1} = \alpha_0 + \sum_{i=1}^{n} \alpha_i \cdot X_i,$$

mit dem Bayes-Risiko von $\overset{(\cdot)}{\gamma}_{n+1}$:

$$r(\overset{(\cdot)}{\gamma}_{n+1}) = E([\,\overset{(\cdot)}{\gamma}_{n+1} - \gamma_{n+1}(\theta_{n+1})]^2).$$

Satz 4.8 überträgt sich dann natürlich sinngemäß. Man muss dort lediglich $\hat{T}$ durch $\hat{\gamma}_{n+1}$ und $\gamma(\theta)$ durch $\gamma_{n+1}(\theta_{n+1})$ ersetzen. Wegen der späteren Bedeutung soll aber Satz 4.9 nochmals in der nun zutreffenden Version angegeben werden:

Satz 5.2:

Erfüllt $\hat{\gamma}_{n+1}$ mit Struktur (5.1) die Bedingungen:

$$E(\hat{\gamma}_{n+1}) = E(\gamma_{n+1}(\theta_{n+1})) \tag{5.2}$$

$$\text{Cov}(\hat{\gamma}_{n+1}, X_i) = \text{Cov}(\gamma_{n+1}(\theta_{n+1}), X_i), \text{ für alle } i = 1, \ldots, n, \tag{5.3}$$

so ist $\hat{\gamma}_{n+1}$ die (lineare) Bayes-Vorhersage von $\gamma_{n+1}(\theta_{n+1})$.

Das Wort "linear" wird im folgenden einfach weggelassen.

5.2 Mittelwertvorhersage

Gegeben sei der Kontext der Bayes-Vorhersage des vorigen Abschnitts. Betrachtet werde das Problem der Bayesschen **Mittelwertvorhersage**, d.h. man hat

$$\gamma_i(\vartheta_i) = E(X_i \mid \theta_i = \vartheta_i).$$

Für $\gamma_i(\vartheta_i)$ sei nun verwendet das Symbol $\mu_i(\vartheta_i)$, d.h.:

$$\mu_i(\theta_i) := E(X_i \mid \theta_i).$$

Zur Vorhersage von $\mu_{n+1}(\theta_{n+1})$ (aus $X_1, \ldots, X_n$) seien die folgenden Modellannahmen gewählt:

(1.) $X_1, \ldots, X_n$ seien stochastisch unabhängig gegeben

$$(\theta_1, \ldots, \theta_n) = (\vartheta_1, \ldots, \vartheta_n),$$

d.h.

$$P^{(X_1,\dots,X_n)\big|(\theta_1,\dots,\theta_n)=(\vartheta_1,\dots,\vartheta_n)} = \bigotimes_{i=1}^{n} P^{X_i\big|\theta_i=\vartheta_i}$$

(für alle $(\vartheta_1,\dots,\vartheta_n) \in \Theta^n$). Dies gelte für alle $n \in \mathbb{N}$.

(2.) für $\lambda_{ij} = \mathrm{Cov}(\mu_i(\theta_i), \mu_j(\theta_j))$ gelte die Rekursion:

$$\lambda_{i+1,j} = \rho_i \cdot \lambda_{ij}$$

mit gegebenen reellen Koeffizienten ρ_i (und $i, j = 1, \dots, n$).

Im Folgenden seien:

$$\nu_i = E(\mu_i(\theta_i)) \, (= E(X_i))$$
$$\varphi_i = E(\mathrm{Var}(X_i \mid \theta_i)).$$

Für den Beweis des Resultats über die Bayes-Vorhersage benötigt man das folgende Lemma.

Lemma 5.3:

Es seien:

$$\psi_n = E((\mu_n(\theta_n) - \hat{\mu}_n)^2)$$
$$\tau_n = E((X_n - \hat{\mu}_n)^2)$$

mit

$$\hat{\mu}_n = a_0 + \sum_{i=1}^{n-1} a_i \cdot X_i.$$

Dann gilt:

$$\tau_n = \psi_n + \varphi_n. \tag{5.4}$$

Beweis. Man hat:

$$E((X_n - \hat{\mu}_n)^2) = E(((X_n - \mu_n(\theta_n)) + (\mu_n(\theta_n) - \hat{\mu}_n))^2)$$

$$= E((X_n - \mu_n(\theta_n))^2) + \psi_n$$

$$+ 2 \cdot E((X_n - \mu_n(\theta_n))(\mu_n(\theta_n) - \hat{\mu}_n))$$

In Letzterem ist:

$$E((X_n - \mu_n(\theta_n))^2) = E(E((X_n - \mu_n(\theta_n))^2 \mid \theta_n)) = \varphi_n$$

und:

$$E((X_n - \mu_n(\theta_n))(\mu_n(\theta_n) - \hat{\mu}_n))$$
$$= E((X_n - \mu_n(\theta_n)) \cdot \mu_n(\theta_n)) - E((X_n - \mu_n(\theta_n)) \cdot \hat{\mu}_n). \tag{5.4a}$$

Hierbei ist der erste Term gleich Null, da:

$$E((X_n - \mu_n(\theta_n)) \cdot \mu_n(\theta_n)) = E(\mu_n(\theta_n) \cdot E(X_n - \mu_n(\theta_n) \mid \theta_n)))$$

$$= 0,$$

(wegen $E(X_n - \mu_n(\theta_n) \mid \theta_n) = 0$). Der zweite Term in (5.4a) ist ebenfalls gleich Null, da:

$$E((X_n - \mu_n(\theta_n)) \cdot \hat{\mu}_n) = a_0 \cdot E(X_n - \mu_n(\theta_n)) + \sum_{i=1}^{n-1} a_i \cdot E((X_n - \mu_n(\theta_n)) \cdot X_i)$$

und

$$E(X_n - \mu_n(\theta_n)) = \nu_n - \nu_n = 0.$$

$$E((X_n - \mu_n(\theta_n)) \cdot X_i) = E((X_n - \mu_n(\theta_n))(X_i - \nu_i))$$

$$= E(((X_n - \nu_n) + (\nu_n - \mu_n(\theta_n)) \cdot (X_i - \nu_i))$$

$$= E((X_n - \nu_n)(X_i - \nu_i))$$

$$- E((\mu_n(\theta_n) - \nu_n)(X_i - \nu_i))$$

$$= \mathrm{Cov}(X_n, X_i) - \mathrm{Cov}(\mu_n(\theta_n), X_i)$$

$$= 0.$$

Letzteres nach Lemma 4.10 b) in adaptierter Version. $\qquad$ $\square$

Gemäß diesem Lemma ist die Bayes-Vorhersage von $\mu_{n+1}(\theta_{n+1})$ gleich der optimalen linearen Bayes-Vorhersage von X_{n+1} aus den $X_1, \ldots, X_n$.

Nun kann der folgende, elegante Satz bewiesen werden.

Satz 5.4:

Die Bayes-Vorhersage $\hat{\mu}_{n+1} := \hat{\gamma}_{n+1}$ von $\mu_{n+1}(\theta_{n+1})$ erfüllt die Rekursion:

$$\hat{\mu}_{n+1} = \rho_n \left(\frac{\psi_n}{\psi_n + \varphi_n} \cdot X_n + \frac{\varphi_n}{\psi_n + \varphi_n} \cdot \hat{\mu}_n - \nu_n \right) + \nu_{n+1}, \qquad (5.5)$$

wobei ψ_n rekursiv definiert ist gemäß:

$$\psi_{n+1} = \rho_n^2 \cdot \left(\frac{\psi_n \cdot \varphi_n}{\psi_n + \varphi_n} - \lambda_{nn} \right) + \lambda_{n+1,n+1}. \qquad (5.6)$$

Die Startwerte für die Rekursionen sind:

$$\hat{\mu}_1 = E(X_1), \quad \psi_1 = \lambda_{11}.$$

Das ψ_{n+1} gemäß (5.6) ist der (mittlere) quadratische Schätzfehler:

$$\psi_{n+1} = E((\mu_{n+1}(\theta_{n+1}) - \hat{\mu}_{n+1})^2). \qquad (5.7)$$

Beweis.

a) Zum Nachweis der Rekursion (5.5) sind einfach (5.2) und (5.3) induktiv aus Satz 5.2 (mit γ ersetzt durch μ) zu überprüfen.

Zu (5.2):

Man hat mit (5.5):

$$E(\hat{\mu}_{n+1}) = \rho_n \left(\frac{\psi_n}{\psi_n + \varphi_n} \cdot \nu_n + \frac{\varphi_n}{\psi + \varphi_n} \cdot \nu_n - \nu_n \right) + \nu_{n+1}$$

$$= \nu_{n+1} = E(\mu_{n+1}(\theta_{n+1})).$$

Zu (5.3):

Mit (5.5) erhält man im Fall $i \leq n - 1$:

$$\mathrm{Cov}(\hat{\mu}_{n+1}, X_i) = \rho_n \left(\frac{\psi_n}{\tau_n} \cdot \mathrm{Cov}(X_n, X_i) + \frac{\varphi_n}{\tau_n} \cdot \mathrm{Cov}(\hat{\mu}_n, X_i) \right).$$

Hierbei hat man nach Lemma 4.10 (etwas modifiziert):

$$\mathrm{Cov}(X_n, X_i) = \mathrm{Cov}(\mu_n(\theta_n), \mu_i(\theta_i)) = \lambda_{ni}$$

und ferner nach (5.3) für $\hat{\mu}_n$:

$$\mathrm{Cov}(\hat{\mu}_n, X_i) = \mathrm{Cov}(\mu_n, X_i) = \lambda_{ni}.$$

Also gilt:

$$\mathrm{Cov}(\hat{\mu}_{n+1}, X_i) = \rho_n \cdot \left(\frac{\psi_n}{\tau_n} \cdot \lambda_{ni} + \frac{\varphi_n}{\tau_n} \cdot \lambda_{ni} \right)$$

$$= \rho_n \cdot \lambda_{ni} = \lambda_{n+1,i}$$

$$= \mathrm{Cov}(\mu_{n+1}(\theta_{n+1}), \mu_i(\theta_i))$$

$$= \mathrm{Cov}(\mu_{n+1}(\theta_{n+1}), X_i).$$

Letzteres wieder nach Lemma 4.10 b) (adaptiert).

Im Fall $i = n - 1$ hat man mit (5.5):

$$\mathrm{Cov}(\hat{\mu}_{n+1}, X_n) = \rho_n \cdot \left(\frac{\psi_n}{\tau_n} \cdot \mathrm{Var}(X_n) + \frac{\varphi_n}{\tau_n} \cdot \mathrm{Cov}(\hat{\mu}_n, X_n) \right).$$

Es gilt nun folgendes für $\hat{\mu}_n = \alpha_0 + \sum_{i=1}^{n-1} \alpha_i \cdot X_i$:

$$\text{Cov}(\hat{\mu}_n, X_n) = \sum_{i=1}^{n-1} \alpha_i \cdot \text{Cov}(X_i, X_n)$$

$$= \sum_{i=1}^{n-1} \alpha_i \cdot \text{Cov}(X_i, \mu_n(\theta_n))$$

$$= \sum_{i=1}^{n-1} \alpha_i \cdot \text{Cov}(X_i, \hat{\mu}_n)$$

$$= \text{Cov}(\hat{\mu}_n, \hat{\mu}_n) = \text{Var}(\hat{\mu}_n).$$

Mittendrin wurde (5.3) für $\hat{\mu}_n$ verwendet.

Damit folgt weiter:

$$\tau_n = E((X_n - \hat{\mu}_n)^2)$$

$$= E(((X_n - \nu_n) - (\hat{\mu}_n - \nu_n))^2)$$

$$= \text{Var}(X_n) + \text{Var}(\hat{\mu}_n) - 2 \cdot \text{Cov}(X_n, \hat{\mu}_n)$$

$$= \text{Var}(X_n) - \text{Cov}(\hat{\mu}_n, X_n),$$

also mit Lemma 4.10 (a) (adaptiert) und (5.4):

$$\text{Cov}(\hat{\mu}_n, X_n) = \text{Var}(X_n) - \tau_n$$

$$= \lambda_{nn} + \varphi_n - (\psi_n + \varphi_n)$$

$$= \lambda_{nn} - \psi_n.$$

Durch Einsetzen von diesem und erneuter Verwendung von Lemma 4.10 (a)+(b) erhält man:

$$\text{Cov}(\hat{\mu}_{n+1}, X_n) = \rho_n \cdot \left(\frac{\psi_n}{\tau_n}(\lambda_{nn} + \varphi_n) + \frac{\varphi_n}{\tau_n}(\lambda_{nn} - \psi_n) \right)$$

$$= \rho_n \cdot \lambda_{nn} = \lambda_{n+1,n}$$

$$= \text{Cov}(\mu_{n+1}(\theta_{n+1}), \mu_n(\theta_n))$$

$$= \text{Cov}(\mu_{n+1}(\theta_{n+1}), X_n).$$

b) Zum Nachweis von (5.6) geht man von der Definition (5.7) aus und setzt die Formel (5.5) für $\hat{\mu}_{n+1}$ ein, d.h. man hat

$$
\begin{aligned}
\psi_{n+1} =\, & E\big((\mu_{n+1}(\theta_{n+1}) - \rho_n(\frac{\psi_n}{\tau_n} \cdot X_n + \frac{\varphi_n}{\tau_n} \cdot \hat{\mu}_n - \nu_n) + \nu_{n+1})^2\big) \\
=\, & E\big((\mu_{n+1}(\theta_{n+1}) - \nu_{n+1})^2\big) + \\
& + \rho_n^2 \cdot E\big((\frac{\psi_n}{\tau_n}(X_n - \nu_n)^2 + \frac{\varphi_n}{\tau_n}(\hat{\mu}_n - \nu))^2\big) \\
& - 2\rho_n E\big((\mu_{n+1}(\theta_{n+1}) - \nu_{n+1})(\frac{\psi_n}{\tau_n}X_n + \frac{\varphi_n}{\tau_n} \cdot \hat{\mu}_n - \nu)\big),
\end{aligned}
\tag{5.8}
$$

wobei:

$$
\begin{aligned}
E\Big((\mu_{n+1}(\theta_{n+1}) - \nu_{n+1}) & \Big(\frac{\psi_n}{\tau_n} X_n + \frac{\varphi_n}{\tau_n} \cdot \hat{\mu}_n - \nu\Big)\Big) \\
& = \frac{\psi_n}{\tau_n} \cdot E\big((\mu_{n+1}(\theta_{n+1}) - \nu_{n+1}) \cdot X_n\big) \\
& + \frac{\varphi_n}{\tau_n} E\big((\mu_{n+1}(\theta_{n+1}) - \nu_{n+1}) \cdot \hat{\mu}_n\big).
\end{aligned}
\tag{5.9}
$$

Mit bereits oben verwendeten Tricks zeigt man:

$$
\begin{aligned}
E\big((\mu_{n+1}(\theta_{n+1}) - \nu_{n+1}) \cdot X_n\big) & = \operatorname{Cov}(\mu_{n+1}(\theta_{n+1}), X_n) \\
& = \operatorname{Cov}(\mu_{n+1}(\theta_{n+1}), \mu_n(\theta_{n+1})) \\
& = \lambda_{n+1,n} = \rho_n \cdot \lambda_{nn}
\end{aligned}
\tag{5.10}
$$

und ferner mit $\hat{\mu}_n = \alpha_0 + \sum\limits_{i=1}^{n-1} \alpha_i \cdot X_i$:

$$E((\mu_{n+1}(\theta_{n+1}) - \nu_{n+1}) \cdot \hat{\mu}_n)$$

$$= \sum_{i=1}^{n-1} \alpha_i \cdot \mathrm{Cov}(\mu_{n+1}(\theta_{n+1}), X_i)$$

$$= \sum_{i=1}^{n-1} \alpha_i \cdot \lambda_{n+1,i}$$

$$= \rho_n \cdot \sum_{i=1}^{n-1} \alpha_i \cdot \lambda_{ni}$$

$$= \rho_n \cdot \sum_{i=1}^{n-1} \alpha_i \cdot \mathrm{Cov}(\mu_n(\theta_n), \mu_i(\theta_i)) \qquad (5.11)$$

$$= \rho_n \cdot \sum_{i=1}^{n} \alpha_i \cdot \mathrm{Cov}(\mu_n(\theta_n), X_i)$$

$$= \rho_n \cdot E((\mu_n(\theta_n) - \nu_n) \cdot \hat{\mu}_n)$$

$$= \rho_n \cdot E((\mu_n(\theta_n) - \hat{\mu}_n) + (\hat{\mu}_n - \mu_n(\theta_n))) \cdot \hat{\mu}_n)$$

$$= \rho_n \cdot E((\hat{\mu}_n - \mu_n(\theta_n)) \cdot \hat{\mu}_n)$$

$$= \rho_n \cdot \mathrm{Var}(\hat{\mu}_n) = \rho_n \cdot \mathrm{Cov}(\hat{\mu}_n, X_n) = \lambda_{nn} - \psi_n,$$

wobei verwendet wurde:

$$E((\hat{\mu}_n - \mu_n(\theta_n)) \cdot \hat{\mu}_n) = \sum_{i=1}^{n-1} \alpha_i \cdot E((\hat{\mu}_n - \mu_n(\theta_n)) \cdot X_i)$$

$$= \sum_{i=1}^{n-1} \alpha_i \cdot E(((\hat{\mu}_n - \nu_n) + (\nu_n - \mu_n(\theta_n))) X_i)$$

$$= \sum_{i=1}^{n-1} \alpha_i \cdot (\mathrm{Cov}(\hat{\mu}_n, X_i) - \mathrm{Cov}(\mu_n(\theta_n), X_i))$$

$$= 0.$$

Letzteres wegen Satz 5.2, Formel (5.3) mit $\mu_n(\theta_n)$, $\hat{\mu}_n$ statt $\gamma_{n+1}(\theta_{n+1})$, $\hat{\gamma}_{n+1}$.

Ferner ergibt sich direkt:

$$E\left(\left(\frac{\psi_n}{\tau_n}(X_n - \nu_n) + \frac{\varphi_n}{\tau_n}(\hat{\mu}_n - \nu_n)\right)^2\right)$$

$$= \frac{\psi_n^2}{\tau_n^2}E((X_n - \nu_n)^2) + \frac{\varphi_n^2}{\tau_n^2}E((\hat{\mu}_n - \hat{\nu}_n)^2)$$

$$+ 2\frac{\psi_n\varphi_n}{\tau_n^2}E((X_n - \nu_n)(\hat{\mu}_n - \nu_n)).$$

$$(5.12)$$

Hierbei ist u.a. nach Lemma 4.10 b):

$$E((X_n - \nu_n)^2) = \mathrm{Var}(X_n) = \lambda_{nn} + \varphi_n \qquad (5.13)$$

$$E((\hat{\mu}_n - \nu_n)^2) = \mathrm{Var}(\hat{\mu}_n) = \lambda_{nn} - \psi_n \qquad (5.14)$$

$$E((X_n - \nu_n)(\hat{\mu}_n - \nu_n)) = \mathrm{Cov}(\hat{\mu}_n, X_n) = \lambda_{nn} - \psi_n. \qquad (5.15)$$

Nun setzt man (5.13)-(5.15) in (5.12) ein, dies dann in (5.8). Ferner setzt man (5.10), (5.11) in (5.9) ein und dies dann in (5.8). Insgesamt liefert dies mit $E((\mu_{n+1}(\theta_{n+1}) - \nu_{n+1})^2) = \lambda_{n+1,n+1}$ nach gewissen Streichungen das Ergebnis:

$$\psi_{n+1} = \lambda_{n+1,n+1} + \rho_n^2\left(\frac{\psi_n^2 + 2\psi_n\varphi_n + \varphi_n^2}{\tau_n^2} \cdot \lambda_{nn}\right.$$

$$\left. - \frac{\psi_n\varphi_n(\psi_n + \varphi_n)}{\tau_n^2} - 2 \cdot \rho_n^2 \cdot \left(\lambda_{nn} - \frac{\psi_n\varphi_n}{\tau_n}\right)\right)$$

$$= \lambda_{n+1,n+1} + \rho_n^2\left(\frac{\psi_n\varphi_n}{\tau_n} - \lambda_{nn}\right),$$

(wobei (5.4) verwendet wurde).

□

Zu diesem Satz noch ein Beispiel.

Beispiel 5.5:

Gegeben sei der Kontext des Bayes-Vorhersageproblems. Es gelte die Annahme 1.) von oben und die $\mu_i(\theta_i) = E(X_i \mid \theta_i)$ seien einem **autoregressiven Prozess (1. Ordnung)** folgend, d.h. man hat die Rekursion:

$$\mu_{n+1}(\theta_{n+1}) = \rho \cdot \mu_n(\theta_n) + (1 - \rho) \cdot \nu + \varepsilon_{n+1} \qquad (5.16)$$

mit reellen Parametern ρ, ν und einem Störterm ε_{n+1}. Es gelte:

$$\nu = E(\mu_i(\theta_i)) \ (= E(X_i)) \text{ für alle } i$$

und ferner für die Störterme ε_i:

$$E(\varepsilon_i) = 0, \ \forall i$$
$$E(\varepsilon_i \cdot \varepsilon_j) = 0, \ \forall i \neq j$$
$$E(\varepsilon_i^2) = \sigma^2, \ \forall i$$

Die Rekursion (5.16) sei idealisierend für $n \in \mathbb{Z}$ angenommen. Ferner seien die ε_i, $i \in \mathbb{Z}$ als stochastisch unabhängig vorausgesetzt. Unter diesen Bedingungen gilt die obige Bedingung 2.) mit:

$$\nu_n = \nu, \quad \rho_n = \rho, \ \forall n.$$

Zusätzlich sei noch angenommen:

$$\varphi_n = \varphi, \ \forall n.$$

Dann liefert Satz 5.4 als elegante Rekursion für die Bayes-Vorhersage $\hat{\mu}_{n+1}$ von $\mu_{n+1}(\theta_{n+1})$:

$$\hat{\mu}_{n+1} = \rho \cdot \left(\frac{\psi_n}{\psi_n + \varphi} \cdot X_n + \frac{\varphi}{\psi_n + \varphi} \cdot \hat{\mu}_n \right) + (1 - \rho) \cdot \nu$$

mit Start $\hat{\mu}_1 = \nu$. Die Rekursion für ψ_{n+1} geht über in:

$$\psi_{n+1} = \rho^2 \cdot \frac{\varphi \psi_n}{\psi_n + \varphi} + (1 - \rho^2) \cdot \lambda_{11}$$

mit Start:

$$\psi_1 = \lambda_{11}.$$

$\square$

Das Modell und das Ergebnis von Satz 5.4 kann man verallgemeinern. Darüber soll noch kurz ohne Beweise berichtet werden.

Im Kontext des Bayes-Vorhersageproblems aus Abschnitt 5.1 sei angenommen (1.) und:

A.1.) $E(X_i \mid \theta_i) = Y_{(i)} \cdot b_i(\theta_i)$

mit einem bekannten q-dimensionalen Zeilenvektor $Y_{(i)}$ und einem unbekannten, zufälligen q-dimensionalen Spaltenvektor $b_i(\theta_i)$ mit:

$$b_i \colon (\Theta, \mathcal{C}) \to (\mathbb{R}^q, \mathbb{B}^q).$$

Es sei:

$$\beta_i = E(b_i(\theta_i)).$$

A.2.) für die Kovarianzmatrizen

$$\Lambda_{ij} := \mathrm{Cov}(b_i(\theta_i), b_j(\theta_j))$$

gelte die Rekursion:

$$\Lambda_{ij} = P_i \cdot \Lambda_{i-1,j} \text{ für } i \geq j+1,$$

mit gegebenen $(q \times q)$-Matrizen P_i, $i \geq 1$.

Es sei noch bezeichnet:

$$\varphi_i = E(\text{Var}(X_i \mid \theta_i)).$$

Vorhergesagt werde wieder

$$\mu_{n+1}(\theta_{n+1}) = E(X_{n+1} \mid \theta_{n+1})$$
$$= Y_{(n+1)} \cdot b_{n+1}(\theta_{n+1}).$$

Für die Bayes-Vorhersage $\hat{\mu}_{n+1}$ von $\mu_{n+1}(\theta_{n+1})$ erhält man dann:

$$\hat{\mu}_{n+1} = Y_{(n+1)} \cdot \hat{b}_{n+1} \qquad (5.17)$$

mit $\hat{b}_n$ gemäß der Rekursion:

$$\hat{b}_{n+1} = P_n \cdot [Z_n \cdot X_n + (I - Z_n Y_{(n)})\hat{b}_n - \beta_n] + \beta_{n+1} \qquad (5.18)$$

und:

$$Z_n = \psi_n Y_{(n)}^T \cdot (\varphi_n + Y_{(n)} \psi_n Y_{(n)}^T)^{-1}. \qquad (5.19)$$

Die $(q \times q)$-Matrix $\psi_n = \text{Cov}(b_n(\theta_n) - \hat{b}_n)$ kann dabei rekursiv berechnet werden gemäß:

$$\psi_{n+1} = \Lambda_{n+1,n+1} + P_n \cdot [(I - Z_n Y_{(n)})\psi_n - \Lambda_{nn}] \cdot P_n^T. \qquad (5.20)$$

Die Matrix I ist dabei die $(q \times q)$-Einheitsmatrix. Als Startwerte hat man:

$$\psi_1 = \Lambda_{11}, \quad \hat{b}_1 = \beta.$$

Ein Sonderfall dieses **dynamischen Regressionsmodells** ist folgende Situation:

Es gelte (1.), A.1.), aber statt A.2.) die Rekursion:

$$b_{n+1}(\theta_{n+1}) = P_n \cdot b_n(\theta) + e_{n+1}$$

mit $(q \times q)$-Matrix P_n wie ebenda und Störvektor e_i mit:

a) $E(e_i) = 0$

b) $\text{Cov}(e_i) =: E_i$ existent.

c) $e_1, e_2, \ldots$ sind stochastisch unabhängig.

d) $e_{i+1}, b_j(\theta_j), j = 1, \ldots, i$ sind stochastisch unabhängig.

Man kann die Ergebnisse des allgemeineren Modells A.1.) + A.2.) auf diesen Fall spezialisieren. Man erhält dann für die Bayesvorhersage $\hat{\mu}_{n+1}$ von $\mu_{n+1}(\theta_{n+1}) = Y_{(n+1)} \cdot b_{n+1}(\theta_{n+1})$ wieder Formel (5.17) mit statt (5.18) die Rekursion:

$$\hat{b}_{n+1} = P_n \cdot [Z_n \cdot X_n + (I - Z_n \cdot Y_{(n)}) \cdot \hat{b}_n] \qquad (5.21)$$

und statt (5.20):

$$\psi_{n+1} = P_n(I - Z_n \cdot Y_{(n)})\psi_n \cdot P_n^T + E_{n+1}. \qquad (5.22)$$

Dabei sind die Startwerte:

$$\hat{b}_1 = \beta_1, \quad \psi_1 = E_1.$$

Das Bayes-Vorhersageverfahren (5.17) mit (5.21), (5.19), (5.22) ist der sogenannte **Kalman-Filter**, ein sehr prominentes Verfahren der Statistik. Das Verfahren in Beispiel 5.5 ist unter der Zusatzannahme ($\nu = 0$) ein einfacher Sonderfall davon.

5.3 Schlussbemerkungen

Der Satz 5.4 ist praktisch aus Kremer (1999) übernommen. Im Kontext der dortigen Risikotheorie ist die Bayes-Vorhersage des Mittelwerts formal gleich der sogenannten evolutionären Credibility-Schätzung der Nettoprämie eines Versicherungsrisikos eines Portfolios von Versicherungsrisiken.

Der sehr bekannte Kalman-Filter (5.17), (5.21), (5.19), (5.22) ist in der Literatur häufig in multivariater Version dargestellt, d.h. das $Y_{(i)}$ ist kein Zeilenvektor, sondern eine Matrix. Dann ist natürlich X_i ein Spaltenvektor. Bezüglich dieser multivariaten Variante siehe z.B. Abraham & Ledolter (1983).

Kapitel 6 Empirische Bayes-Prinzipien

6.1 Empirische Bayes-Regel

Exemplarisch werde der Kontext der Bayes-Schätzung des Kapitels 4 betrachtet.

Will man etwa die Bayes-Schätzer des Beispiels 4.5 anwenden, so sieht man, dass dies so gar nicht geht. Die Bayes-Schätzer enthalten nämlich die Parameter der a-priori-Verteilung, die im Allgemeinen unbekannt sind.

Allgemein betrachtet ist die A-priori-Verteilung $\tau = P^\theta$ selbst Element einer parametrisierten Familie von Verteilungen:

$$\tau \in Q = \{\tau_\eta, \ \eta \in \mathcal{X}\}$$

mit Parametermenge $\mathcal{X} \in \mathbb{B}^p$, d.h. der Bayes-Schätzer T_* bzw. lineare Bayes-Schätzer $\hat{T}$ hängen von η ab, d.h.:

$$T_*(x) = T_*(x \mid \eta)$$
$$\hat{T}(x) = \hat{T}(x \mid \eta).$$

Bei der Anwendung dieser Bayes-Schätzer benötigt man also noch einen Schätzer $\hat{\eta}$ von η.

Zur Schätzung von η habe man noch andere Daten zur Verfügung, beschrieben durch den Zufallsvektor:

$$\tilde{X} \colon (\Omega, \mathcal{A}, P) \to ((\mathbb{R}^n, \mathbb{B}^n))^k$$

109

mit $\tilde{X} = (\tilde{X}_1, \ldots, \tilde{X}_k)$, wobei jedes $\tilde{X}_j$ wie die betrachtete Stichprobe X verteilt seien. Die $\tilde{X}_1, \ldots, \tilde{X}_k$ sind also praktisch Wiederholungen von $X \colon (\Omega, \mathcal{A}, P) \to (\mathbb{R}^n, \mathbb{B}^n)$.

Der Schätzer $\hat{\eta}$ ist nun eine messbare Abbildung

$$\hat{\eta} \colon ((\mathbb{R}^n, \mathbb{B}^n))^k \to (\mathcal{X}, \varepsilon) \tag{6.1}$$

mit σ-Algebra ε auf $\mathcal{X}$. Für $\tilde{X} = \tilde{x}$ hat man dann den Schätzwert $\hat{\eta}(\tilde{x})$ für η. Dieses $\hat{\eta}(\tilde{x})$ setzt man in $T_*(x \mid \eta)$ bzw. $\hat{T}(x \mid \eta)$ für η ein. Damit ist die folgende Definition üblich:

Definition 6.1:

Für einen Schätzer $\hat{\eta}$ gemäß (6.1) nennt man den Schätzer $T_*(x \mid \hat{\eta}(\tilde{x}))$ bzw. den Schätzer $\hat{T}(x \mid \hat{\eta}(\tilde{x}))$ **empirischen Bayes-Schätzer** bzw. **empirischen linearen Bayes-Schätzer** von $\gamma(\vartheta)$.

Dazu noch ein Beispiel:

Beispiel 6.2:

Gegeben sei der Kontext von Beispiel 4.11. Wählt man zusätzlich die Bedingungen von Beispiel 2.12, so sind:

$$\mu = \nu, \quad a = \tau^2$$

die zu schätzenden Parameter der a-priori-Verteilung, d.h. es ist:

$$\mathcal{X} = \mathbb{R} \times (0, \infty).$$

Parameterschätzer für ν und τ^2 werden in den folgenden beiden Abschnitten angegeben.

Im allgemeinen Fall (ohne die speziellen Bedingungen von Beispiel 2.12) hat man als Unbekannte in (4.23) die Größen μ, a, φ. Diese sind aber schreibbar als:

$$\mu = \int \gamma(\vartheta)\tau_\eta(d\vartheta)$$

$$a = \int [(\gamma(\vartheta)]^2 \tau_\eta(d\vartheta) - \mu^2$$

$$\varphi = \int \mathrm{Var}(X_i \mid \theta = \vartheta)\tau_\eta(d\vartheta).$$

Den Schätzer $\hat{\eta}(\tilde{x})$ ($\tilde{x} = (\tilde{x}_1, \ldots, \tilde{x}_n)$) setzt man in diese Formeln für η ein, was dann Schätzer $\hat{\mu}(\tilde{x})$, $\hat{a}(\tilde{x})$, $\hat{\varphi}(\tilde{x})$ von μ, a, φ liefert. Diese setzt man für μ, a, φ in die Formel (4.23) ein, was den **empirischen linearen Bayes-Schätzer** $\hat{T}(x \mid \hat{\eta}(\tilde{x})) = \hat{T}(x \mid \hat{\mu}(\tilde{x}), \hat{a}(\tilde{x}), \hat{\varphi}(\tilde{x}))$ liefert. $\qquad\qquad\square$

Für den praktischen Einsatz der Bayes- und linearen Bayes-Schätzer benötigt man also Prinzipien zur Angabe von sinnvollen Schätzern $\hat{\eta}$ für den a-priori-Verteilungsparameter η.

Mit einem damit hergeleiteten Schätzer $\hat{\eta}$ ist dann der empirische Bayes-Schätzer bzw. der empirische lineare Bayes-Schätzer das **praktische Schätzverfahren**.

In den folgenden beiden Kapiteln werden nun zwei Prinzipien zur Herleitung eines Schätzers $\hat{\eta}$ dargestellt und deren Anwendung an je einem Beispiel illustriert.

Damit ist dann alles zum **praktischen Einsatz** von Bayes-Schätztechniken zusammen.

6.2 Momenten-Methode

Gegeben sei das allgemeine Bayesmodell, d.h. man hat eine Stichprobe

$$X \colon (\Omega, \mathcal{A}, P) \to (\mathbb{R}^n, \mathbb{B}^n)$$

und eine Zufallsvariable:

$$\theta \colon (\Omega, \mathcal{A}, P) \to (\Theta, \mathcal{C}) \text{ mit } \Theta \in \mathbb{B}^l, \, \mathcal{C} = \Theta \cap \mathbb{B}^l,$$

deren Realisation $\theta = \vartheta$ der Parameter der Verteilung von X ist im Sinne von

$$P^X \big|^{\theta=\vartheta} = P_\vartheta^X \in \mathcal{P},$$

$$\mathcal{P} = \{P_\vartheta^X, \, \vartheta \in \Theta\},$$

mit Wahrscheinlichkeitsverteilungen $P_\vartheta^X / (\mathbb{R}^n, \mathbb{B}^n)$. Die a-priori-Verteilung $\tau = P^\theta$ ist dabei selbst wieder Element einer Verteilungsklasse:

$$\tau = \{\tau_\eta, \, \eta \in \mathcal{X}\}$$

mit $\mathcal{X} \in \mathbb{B}^p$.

Gesucht ist ein Schätzer $\hat{\eta}(\tilde{x})$ von η basierend auf $\tilde{X} = \tilde{x}$, wobei $\tilde{X} = (\tilde{X}_1, \ldots, \tilde{X}_k)$ aus Wiederholungen von X besteht. Die Stichprobe X sei geschrieben als:

$$X = (X_1, \ldots, X_n)$$

und die Datenmenge $\tilde{X}$ dann als:

$$\tilde{X} = (X_{11}, \ldots, X_{1n} \mid X_{21}, \ldots, X_{2n} \mid \cdots \mid X_{k1}, \ldots, X_{kn}),$$

d.h. man setzt $\tilde{X}_j = (X_{j1}, \ldots, X_{jn})$.

Zu jedem $\tilde{X}_j$ gehöre ein $\theta = \theta_j$ mit $P^{\theta_j} = \tau_\eta$ und:

$$P^{\tilde{X}_j} \big|^{\theta_j = \vartheta} = P^X \big|^{\theta = \vartheta}. \tag{6.2}$$

Zusätzlich werde angenommen:

1.) $X_1, \ldots, X_n$ sind i.i.d. gegeben $\theta = \vartheta$.

2.) $X_{j1}, \ldots, X_{jn}$ sind i.i.d. gegeben $\theta_j = \vartheta$ (für $j = 1, \ldots, k$). Nach (6.2) sind diese verteilt wie die $X_1, \ldots, X_n$ gegeben $\theta = \vartheta$.

3.) $(\tilde{X}_j, \theta_j)$, $j = 1, \ldots, k$ sind stochastisch unabhängig.

Zur Angabe der sogenannten Momentenmethode verwendet man die Relation

$$\int E(X_i^r \mid \theta = \vartheta)\tau(d\vartheta) = E(X_i^r), \tag{6.3}$$

die ja gerade die Regel (E.4) aus Abschnitt 2.1 ist. Da $\eta = (\eta_1, \ldots, \eta_p)$ p-dimensional ist, betrachtet man $r = 1, \ldots, p$. Das Schätzprinzip ist nun das folgende:

Man ersetzt in (6.3) $E(X_i^r)$ durch den Schätzer:

$$\bar{X}_{\bullet\bullet}^{(r)} = \frac{1}{k \cdot n} \cdot \sum_{j=1}^{k} \sum_{i=1}^{n} X_{ji}^r$$

und definiert dann den **Momentenschätzer** $\hat{\eta}(\tilde{x}) = (\hat{\eta}_1(\tilde{x}), \ldots, \hat{\eta}_p(\tilde{x}))$ als Lösung $\hat{\eta} = (\hat{\eta}_1, \ldots, \hat{\eta}_p)$ von:

$$\int E(X_i^r \mid \theta = \vartheta)\tau_{\hat{\eta}}(d\vartheta) = \bar{X}_{\bullet\bullet}^{(r)} \text{ mit } r = 1, \ldots, p. \tag{6.4}$$

Man hat so p Gleichungen für p Werte.

Dazu ein Beispiel.

Beispiel 6.2:

Gegeben sei der Kontext von Beispiel 2.12. Man hat hier dann:

$$\eta = (\eta_1, \eta_2) \text{ mit } \eta_1 = \nu, \ \eta_2 = \tau^2$$

d.h. es ist $\mathcal{X} = \mathbb{R} \times (0, \infty)$ und $p = 2$. Hier folgt nun einfach:

$$\int E(X_i \mid \theta = \mu)\tau_{(\nu,\tau^2)}(d\mu) = \nu$$

$$\int E(X_i^2 \mid \theta = \mu)\tau_{(\nu,\tau^2)}(d\mu) = \tau^2 - \nu^2 + \sigma_0^2$$

Man erhält also aus (6.4) die Gleichungen:

$$\nu = \bar{X}_{\bullet\bullet}^{(1)}$$

$$\tau^2 - \nu^2 + \sigma_0^2 = \bar{X}_{\bullet\bullet}^{(2)},$$

woraus als Schätzer für ν und τ folgen:

$$\hat{\nu} = \bar{X}_{\bullet\bullet}^{(1)}$$

$$\hat{\tau}^2 = \max(0, s^2 - \sigma_0^2)$$

mit:

$$s^2 = \frac{1}{k \cdot n} \cdot \sum_{j=1}^{k} \sum_{i=1}^{n} (X_{ji} - \bar{X}_{\bullet\bullet}^{(1)})^2.$$

Als empirischen Bayes-Schätzer ergibt sich aus dem T_* in Beispiel 4.5 (5.) durch Einsetzen von $\hat{\nu}$, $\hat{\tau}^2$:

$$T_*(X \mid \hat{\nu}, \hat{\tau}^2) = k_n \cdot \bar{X}_{\bullet} + (1 - k_n) \cdot \bar{X}_{\bullet\bullet}^{(1)} \qquad (6.5)$$

mit:

$$k_n = \frac{n \cdot \hat{\tau}^2}{n \cdot \hat{\tau}^2 + \sigma_0^2} \quad .$$

114

6.3 Maximum-Likelihood-Methode

Gegeben sei der Kontext des vorigen Abschnitts mit insbesondere den Annahmen 1.)-3.). Für $P_\vartheta^X := P^X\big|^{\theta=\vartheta} = P^{\tilde{X}_j}\big|^{\theta_j=\vartheta}$ sei die Verteilungsklasse:

$$\{P_\vartheta^X,\ \vartheta \in \Theta\}$$

dominiert durch ein σ-endliches Maß μ auf $(\mathbb{R}^n, \mathbb{B}^n)$. Die μ-Dichte von P_ϑ^X sei f_ϑ^X. Die Dichten $f_\vartheta(x)$ seien in (ϑ, x) $(\mathcal{C} \otimes \mathbb{B}^n)$-messbar. Es gilt dann das folgende Lemma:

Lemma 6.3:

Zur a-priori-Verteilung τ_n hat $P^X = P^{\tilde{X}_j}$ die μ-Dichte:

$$f_\eta(x) = \int f_\vartheta^X(x)\tau_\eta(d\vartheta).$$

Beweis. Es gilt Folgendes für $B \in \mathbb{B}^n$:

$$\int_B \int f_\vartheta^X(x)\tau_\eta(d\vartheta)\mu(dx) = \int \int_B f_\vartheta^X(x)\mu(dx)\tau_\eta(d\vartheta)$$

$$= \int P^X\big|^{\theta=\vartheta}(B)\tau_\eta(d\vartheta)$$

$$= \int E(1_B(x) \mid \theta = \vartheta)\tau_\eta(d\vartheta)$$

$$= E(E(1_B(x) \mid \theta)) = E(1_B(x))$$

$$= P^X(B).$$

$\square$

Da die Komponenten $\tilde{X}_j$ von $\tilde{X}$ stochastisch unabhängig sind, ergibt sich als $\mu^{\otimes n}$-Dichte von $P^{\tilde{X}}$:

$$f_{\eta}^{\tilde{X}}(\tilde{x}) = \prod_{j=1}^{k} \int f_{\vartheta}^{X}(\tilde{x}_j)\tau_{\eta}(d\vartheta)$$

mit $\tilde{x}_j$ aus $\tilde{x} = (\tilde{x}_1, \ldots, \tilde{x}_k)$. Das **Maximum-Likelihood-Schätz-prinzip** zum Schätzen des Parameters η beruht darauf, dass man die **Likelihood-Funktion** $f_{\eta}^{\tilde{X}}(\tilde{x})$ in η maximiert. Oft ist es eleganter, dabei äquivalent die sogenannte **Log-Likelihood-Funktion**

$$\ln f_{\eta}^{\tilde{X}}(\tilde{x}) = \sum_{j=1}^{k} \ln \int f_{\vartheta}^{X}(\tilde{x}_j)\tau_{\eta}(d\vartheta)$$

in η zu maximieren. Der daraus resultierende Schätzer

$$\hat{\eta}(\tilde{x}) = (\hat{\eta}_1(\tilde{x}), \ldots, \hat{\eta}_p(\tilde{x}))$$

ist (sofern $\hat{\eta}(\cdot)$ messbar ist) der sogenannte **Maximum-Likelihood-Schätzer** des a-priori-Verteilungsparameters η. Dieser ergibt sich als Lösung der Gleichungen:

$$\sum_{j=1}^{k} \frac{d}{d\eta_i}\left(\ln\left(\int f_{\vartheta}^{X}(\tilde{x}_j)\tau_{(\eta_1,\ldots,\eta_n)}(d\vartheta)\right)\right) = 0 \text{ mit } i = 1,\ldots,p. \quad (6.6)$$

Nach 1.) hat man im gegebenen Kontext für P_{ϑ}^{X} ein Produktmaß:

$$P_{\vartheta}^{X} = \bigotimes_{i=1}^{n} P^{X_i}\big|_{\theta=\vartheta}$$

mit:

$$P^{X_i}\big|_{\theta=\vartheta} = P^{X_j}\big|_{\theta=\vartheta}, \text{ für } i \neq j.$$

Nimmt man zusätzlich an, dass $P^{X_i}\big|_{\theta=\vartheta}$ eine ν-Dichte $f_{\vartheta}^{X_i}$ hat, so hat man spezieller als $(\nu^{\otimes n})^{\otimes k}$-Dichte von $P^{\tilde{X}}$:

$$f_{\eta}^{\tilde{X}}(\tilde{x}) = \prod_{j=1}^{k} \int \prod_{i=1}^{n} f_{\vartheta}^{X_i}(\tilde{x}_{ji})\tau_{\eta}(d\vartheta)$$

mit $\tilde{x} = (\tilde{x}_1, \ldots, \tilde{x}_k)$, $\tilde{x}_j = (\tilde{x}_{j1}, \ldots, \tilde{x}_{jn})$.

Damit gehen die Bestimmungsgleichungen von $\hat{\eta}(\tilde{x})$ (6.6) über in die Gleichungen:

$$\sum_{j=1}^{k} \frac{d}{d\eta_l} \left(\ln \left(\int \prod_{i=1}^{n} f_{\vartheta}^{X_i}(\tilde{x}_{ji}) \tau_{(\eta_1,\ldots,\eta_p)}(d\vartheta) \right) \right) = 0, \tag{6.7}$$

$$\text{für } l = 1, \ldots, p$$

Dieses i.A. nichtlineare Gleichungssystem ist i.A. mittels Verfahren der numerischen Mathematik zu lösen. Dazu abschließend noch ein einfacheres Beispiel.

Beispiel 6.4:

Gegeben sei nochmals der Kontext von Beispiel 2.12, d.h. man hat:

$$\eta = (\eta_1, \eta_2) \text{ mit } \eta_1 = \nu, \quad \eta_2 = \tau^2$$

und $f_{\vartheta}^{X_i}(x)$ (mit $\vartheta = \mu$) gemäß:

$$f_{\mu}^{X_i}(x) = \frac{1}{\sqrt{2\pi}\sigma_0} \cdot \exp(-\frac{(x-\mu)^2}{2\sigma_0^2}).$$

Die Riemann-Dichte der a-priori-Verteilung ist:

$$f_{\eta}^{\theta}(\mu) = \frac{1}{\sqrt{2\pi}\tau} \cdot \exp\left(-\frac{1}{2} \cdot \left(\frac{(\mu-\nu)}{\tau} \right)^2 \right).$$

Zur weiteren Vereinfachung sei einfach $n = 1$ und $\sigma_0^2 = 1$ angenommen. Damit ergibt sich mit Lemma 6.3 mittels elementarer Rechnungen:

$$f_{\eta}(x) = \int_{-\infty}^{\infty} f_{\mu}^{X_i}(x) \cdot f_{\eta}^{\theta}(\mu) d\mu$$

$$= \frac{1}{\sqrt{2\pi(1+\tau^2)}} \cdot \exp\left(-\frac{1}{2} \left(\frac{x-\nu}{\sqrt{1+\tau^2}} \right)^2 \right)$$

für $x = x_1 \in \mathbb{R}$.

Wegen:

$$f_\eta^{\tilde{X}}(\tilde{x}) = \prod_{j=1}^{k} \frac{1}{\sqrt{2\pi(1 + \tau^2)}} \cdot \exp\left(-\frac{1}{2} \cdot \left(\frac{\tilde{x}_{j1} - \nu}{\sqrt{1 + \tau^2}}\right)^2\right)$$

folgt für die Log-Likelihood-Funktion einfach:

$$\ln f_\eta^{\tilde{X}}(\tilde{x}) = -\frac{k}{2} \cdot \ln(2\pi(1 + \tau^2)) - \frac{1}{2} \cdot \sum_{j=1}^{k} \left(\frac{\tilde{x}_{j1} - \nu}{\sqrt{1 + \tau^2}}\right)^2.$$

Daraus erhält man durch Differenzieren nach ν und dann nach τ^2 und dann durch Nullsetzen als Gleichungen (6.7) für die Maximum-Likelihood-Schätzer $\hat{\nu}$, $\hat{\tau}^2$ von ν, τ^2:

$$\sum_{j=1}^{k}(\tilde{x}_{j1} - \hat{\nu}) = 0$$

$$-k \cdot (1 + \hat{\tau}^2)^{-1} + \sum_{j=1}^{k} \frac{(\tilde{x}_{j1} - \hat{\nu})^2}{(1 + \hat{\tau}^2)^2} = 0.$$

Die Lösungen sind:

$$\hat{\nu} = \frac{1}{k} \cdot \sum_{j=1}^{k} \tilde{x}_{j1}$$

$$\hat{\tau}^2 = \frac{1}{k} \cdot \sum_{j=1}^{k}(\tilde{x}_{j1} - \hat{\nu})^2 - 1.$$

Man hat also als Maximum-Likelihood-Schätzer:

$$\hat{\nu} = \frac{1}{k} \cdot \sum_{j=1}^{k} X_{j1} =: \bar{X}_{\bullet 1}$$

$$\hat{\tau}^2 = \max\left(0, \; \frac{1}{k} \cdot \sum_{j=1}^{k}(X_{j1} - \bar{X}_{\bullet 1})^2 - 1\right).$$

Allgemeiner für beliebiges $\sigma_0^2 > 0$ und $n \in \mathbb{N}$ ergeben sich als Maximum-Likelihood-Schätzer:

$$\hat{\nu} = \bar{X}_{\bullet\bullet}^{(1)}$$

$$\hat{\tau}^2 = \max(0, s^2 - \sigma_0^2)$$

mit:

$$s^2 = \frac{1}{k \cdot n} \cdot \sum_{j=1}^{k} \sum_{i=1}^{n} (X_{ji} - \bar{X}_{\bullet\bullet}^{(1)})^2.$$

Der interessierte Leser sei dazu eingeladen, analog zu den Beispielen 6.2 und 6.4 weitere Fälle der Beispiele 2.8 - 2.11 zu behandeln. Im Allgemeinen sind natürlich die Momentenschätzer des Abschnittes 6.2 und die Maximum-Likelihood-Schätzer des Abschnittes 6.3 nicht identisch.

6.4 Schlussbemerkungen

Das Obige dieses Abschnitts ist natürlich nur adäquat, wenn man keine Beobachtungen des Parameters ϑ hat. Wenn man solche hat, so kann man natürlich mit diesen direkt mittels der klassischen Methoden der Mathematischen Statistik die Parameter der a-priori-Verteilung schätzen und diese Parameterschätzer dann in die Formeln der Bayes-Regeln einsetzen. In der Versicherungspraxis setzen Aktuare schon seit Längerem Weiterentwicklungen der obigen empirischen Bayesschätzer in der Prämienkalkulation ein. Der empirische Schätzer (6.5) etwa ist in verallgemeinerter Version ein solch typisches aktuarielles Verfahren zur "Berechnung" der Nettoprämie eines Versicherungsrisikos eines Portfolios von Versicherungsrisiken. Solche Verfahren werden von modernen

Aktuaren üblicherweise **empirische Credibility-Schätzer** genannt. Wenn der interessierte Leser noch mehr über diese empirischen Bayes-Techniken wissen möchte, so möge er in das Werk Maritz & Lwin (1989) oder in Carlin & Louis (2000) schauen.

Symbolliste

$(\Omega, \mathcal{A}, P)$	zugrundeliegender Wahrscheinlichkeitsraum
$(\mathcal{X}, \mathcal{B})$	Messraum
$X : (\Omega, \mathcal{A}, P) \to (\mathcal{X}, \mathcal{B})$	Zufallsvariable X auf dem Wahrscheinlichkeitsraum $(\Omega, \mathcal{A}, P)$ in den Messraum $(\mathcal{X}, \mathcal{B})$
$(\mathbb{R}^n, \mathbb{B}^n)$	Messraum mit dem n-dimensionalen Raum $\mathbb{R}^n$ und der borelschen σ-Algebra $\mathbb{B}^n$ im $\mathbb{R}^n$.
P^X	Verteilung der Zufallsvariablen X
$E(X)$	Erwartungswert der Zufallsvariablen X
$\text{Var}(X)$	Varianz der Zufallsvariablen X
$\text{Cov}(X, Y)$	Kovarianz der Zufallsvariablen X und Y
$\text{Cov}(X)$	Kovarianz für Vektor X, s. (4.24)
$((\Theta, \mathcal{C}, \tau), (A, \mathcal{A}), L, X, \mathcal{P})$	Grundmodell der Bayesstatistischen Entscheidungstheorie
τ	a-priori-Verteilung
Θ	Parameterraum
θ	Zufallsvariable mit Verteilung $P^\theta = \tau$ und Realisation ϑ.
$\delta(x, \cdot)$	Entscheidungsregel (s. Definition 1.1)
$L(\vartheta, a)$	Verlustfunktion
$R(\vartheta, \delta)$	Risikofunktion der Entscheidungsregel δ (s. Definition 1.5)
$r(\tau, \delta)$	Bayes-Risiko der Entscheidungsregel δ (s. Definition 1.15)

121

Q_x	unterer Quadrant an x (s. Definition 1.13)
$G(B)$	Menge der unteren Grenzpunkte von B (s. Definition 1.13)
$\bar{B}$	Abschluss der Menge B
B^C	Komplementmenge von B
S	Risikomenge (s. vor Definition 1.13)
$P^{\theta\mid X=x}$	bedingtes Wahrscheinlichkeitsmaß von θ gegeben $X=x$, sogenannte a-posteriori-Verteilung
$f^{\theta\mid X=x}$	ν-Dichte von $P^{\theta\mid X=x}$
$P^{X\mid\theta=\vartheta}=P^X_\vartheta$	bedingtes Wahrscheinlichkeitsmaß von X gegeben $\theta=\vartheta$
f^X_ϑ	μ-Dichte von P^X_ϑ
$E_\vartheta X$	$=\int x P^X_\vartheta(dx)=\int x\cdot f^X_\vartheta(x)\mu(dx)$
$\mathrm{Var}_\vartheta X$	$=E_\vartheta((X-E_\vartheta(X))^2)$
$E(g(X_2)\mid X_1=x_1)$	bedingter Erwartungswert von $g(X_2)$ gegeben $X_1=x_1$
$E(g(X_2)\mid X_1)$	bedingter Erwartungswert von $g(X_2)$ gegeben X_1
$E(\gamma(\theta)\mid X=x)$	wie ebenda mit $g=\gamma$, $X_2=\theta$, $X_1=X$
$E(\gamma(\theta)\mid X)$	wie ebenda mit $g=\gamma$, $X_2=\theta$, $X_1=X$.
$\mu_1\otimes\mu_2$	Produktmaß von μ_1 und μ_2
$\bigotimes\limits_{i=1}^n P_i$	Produktmaß von $P_1,\dots,P_n$
$\mu^{\otimes n}$	$=\bigotimes\limits_{i=1}^n\mu$, n-faches Produktmaß von μ
$\mathcal{P}(A)$	Potenzmenge der Menge A
$\mathcal{A}\otimes\mathcal{B}$	Produkt-σ-Algebra der σ-Algebren $\mathcal{A}$ und $\mathcal{B}$

$\mathbb{B}, \bar{\mathbb{B}}$	Borelsche σ-Algebra in $\mathbb{R}, \bar{\mathbb{R}}$
$\mathbb{B}^n = \mathbb{B}^{\otimes n}$	σ-Algebra der Borelschen Mengen im n-dimensionalen, reellen Raum $\mathbb{R}^n$
$\mathbb{N}, \mathbb{N}_0$	natürliche Zahlen, ebenda $+ \{0\}$
$\mathbb{R}, \mathbb{R}^n$	reelle Zahlen, n-dimensionaler reeller Raum
$\mathbb{Z}$	ganze Zahlen

Verteilungen:

Binomial(n,p)- $(n=1)$	s. Beispiel 2.8
Poisson(λ)-	s. Beispiel 2.9
Negativ-Binomial(r,p)-	s. Beispiel 2.10
Beta(α, β)-	s. Beispiel 2.8
Gamma(α, β)-	s. Beispiel 2.9
Exponential(α)-	s. Beispiel 2.11
Normal(μ, σ^2)-	s. Beispiel 2.12
Φ	Verteilungsfunktion von Normal$(0,1)$

φ, φ^*	Test, Bayes-Test
$C(\cdot)$	Bayes-Konfidenzbereich / -intervall
$T, T_*, \hat{T}$	Schätzer, Bayes-Schätzer, linearer Bayes-Schätzer
$T_*(x \mid \hat{\eta}(\tilde{x}))$	empirischer Bayes-Schätzer
$\hat{T}(x \mid \hat{\eta}(\tilde{x}))$	empirischer linearer Bayes-Schätzer
1_M	Indikatorfunktion der Menge M
$\Gamma(\cdot)$	Gammafunktion
x^T, M^T	Transposition des Vektors x bzw. der Matrix M

M^{-1}	Inverse der Matrix M
$\binom{n}{k}$	Binomialkoeffizient
$\sum$	Summationszeichen
$\int$	Integralzeichen
$\int g(x)\mu(dx)$	μ-Integral von $g(x)$
$\prod$	Produktzeichen
f.s.	fast sicher
$\bar{X}_{\bullet}$	$= \dfrac{1}{n} \cdot \sum\limits_{i=1}^{n} X_i$

Index

a-posteriori-Verteilung, 34

a-priori-Verteilung, 17, 34

Bayessche Entscheidungsregel, 18

Bayes-Konfidenzbereich, 62–64

Bayes-Regel, 18

Bayes-Risiko, 17, 66

Bayes-Schätzer, 66

Bayes-Test, 53

Bayes-Theorem, 30–31

Bayes-Vorhersage, 93–95

bedingter Erwartungswert, 29

Diskriminanzanalyse, 61

empirischer Bayes-Schätzer, 110

empirischer linearer Bayes-Schätzer, 110

Entscheidungsregel, 10
  nichtrandomisiert, 11
  randomisiert, 11

Entscheidungstheorie (klassisch), 9

Exponentialfamilie, 45
  einparametrische, 46
  natürliche, 46

Kalman-Filter, 107

konjugierte Klasse, 36

linearer Bayes-Schätzer, 76

Log-Likelihood-Funktion, 116

Maximum-Likelihood-Schätzer, 116

Mittelwertschätzung, 69–70

Mittelwertvorhersage, 95*ff*

Momentenschätzer, 113

Normalgleichungen, 78

Regressionsmodell, 83
  dynamisches, 106

Risikofunktion, 12

Risikomenge, 15

Schätzer, 66

Schätzproblem, 65–67

Schätzwert, 66

Statistische Entscheidungstheorie, 9

Testproblem, 51

Verlustfunktion, 9

vollständig, 13
  fast, 24

vollständige Klasse, 13

Wahrscheinlichkeit
    bedingte, 28
Wahrscheinlichkeitsmaß
    bedingtes, 28

zulässig, 13

Literatur

[1] Abraham, B. & J. Ledolter (1983): Statistical Methods for Forecasting. Wiley & Sons, New York.

[2] Bauer, H. (1974): Wahrscheinlichkeitstheorie und Grundzüge der Maßtheorie. De Gruyter, Berlin.

[3] Behnen, K. & Neuhaus, G. (2003): Grundkurs Stochastik. PD-Verlag, Heidenau.

[4] Berger, J.O. (1985): Statistical Decision Theory and Bayesian Analysis. Springer, New York.

[5] Bernardo, J.M. & Smith, A.F.M. (1994): Bayesian Theory. John Wiley, New York.

[6] Carlin, B.P. & Louis, T.A. (2000): Bayes and Empirical Bayes Methods for Data Analysis. Chapman & Hall, New York.

[7] De Groot, M.H. (1970): Optimal Statistical Decisions. McGraw-Hill, New York.

[8] Ferguson, T.S. (1967): Mathematical Statistics. Academic Press, New York and London.

[9] Ghosh, J.K. & Ramamoorthi, R.V. (2003): Bayesian Nonparametrics. Springer, Berlin.

[10] Insua, D.R. & Ruggeri, F. (2000): Robust Bayesian Analysis. Springer, Berlin.

[11] Kremer, E. (1999): Applied Risk Theory. Shaker-Verlag, Aachen.

[12] Lindley, D.V. (1978): Bayesian Statistics, A Review. Philadelphia, Society for Industrial and Applied Mathematics.

[13] Maritz, J.S. & Lwin, T. (1989): Empirical Bayes Methods (2nd). Chapman & Hall, New York.

[14] Robert, C.P. (1994): The Bayesian Choice. Springer, Berlin.

[15] Witting, H. (1985): Mathematische Statistik 1. Teubner, Stuttgart.